国际商业
购物空间设计

鲁 睿·编著

知识产权出版社
全国百佳图书出版单位

责任编辑：牛洁颖　　　　责任校对：韩秀天

文字编辑：崔开丽　　　　责任出版：卢运霞

图书在版编目（CIP）数据

国际商业购物空间设计 / 鲁睿编著 . —北京：

知识产权出版社，2013.1

ISBN 978-7-5130-1856-2

Ⅰ. ①国… Ⅱ. ①鲁… Ⅲ. ①商店-室内装饰设计-

世界-高等学校-教材 Ⅳ. ①TU247.2

中国版本图书馆 CIP 数据核字（2013）第 014311 号

国际商业购物空间设计

GUOJI SHANGYE GOUWU KONGJIAN SHEJI

鲁　睿　编著

出版发行：知识产权出版社

社　　址：北京市海淀区马甸南村 1 号	邮　　编：100088
网　　址：http：//www. ipph. cn	邮　　箱：bjb@cnipr. com
发行电话：010-82000860 转 8101/8102	传　　真：010-82005070/82000893
责编电话：010-82000860 转 8109	责编邮箱：niujieying@sina. com
印　　刷：北京富生印刷厂	经　　销：新华书店及相关销售网点
开　　本：787mm×1092mm　1/16	印　　张：18.75
版　　次：2013 年 3 月第 1 版	印　　次：2013 年 3 月第 1 次印刷
字　　数：353 千字	定　　价：58.00 元

ISBN 978-7-5130-1856-2/TU · 303（4705）

前　言

　　商业购物空间设计被视为一种艺术，其规划与设计越来越多地影响人们的情感、趣味和生活方式。如何在现有经济条件下提供一个合理、人性且有效率的商业购物空间环境已是文明生活的重要一环。而信息化、数字化等现代通信、管理方式的介入，促使我们对商业购物空间规划与设计中的新问题作出积极的回应。

　　本教材着眼于当今高等美术院校环境艺术类专业的商业购物空间这一主干课，针对普通高等院校建筑类环境艺术专业本科生，对大中型综合商业购物空间的室内外环境设计进行了详尽分析。商业购物空间是环境艺术与室内设计中要求最高、综合性较强、最具代表性的设计对象之一，以它为起点，向上扩展可以参与城市商业街区的整体建设，向下延伸可以规划设计各个销售单元和专卖商店的装饰设计。

　　理论联系实际，是本教材努力追求的一大特色。多年的设计实践和教学体会，特别是在国外的交流和学习经历，使作者在编写本教材时注重以下几个方面：顾客对经营者和顾客心理方面的系统归纳；对设计案例从环境方面特殊性的展示；对商场环境和功能系统方面的全面分析；以及对实践工作的指导与借鉴。基于此，本教材力图对商业购物空间规划与设计有一个系统的、全面的叙述与展示，特别是从综合商场的空间环境入手，全面分析讲解外立面环境与室内设计，门厅与中庭、营业厅的平面与功能、扶梯与楼梯、顶棚与地面、柱面与墙面、陈列柜架与展台、广告与标志等的设计原则、注意事项与实例分析，努力使本书在完整性与系统性、理论性与实践性、教学运用与设计运用等方面达到一个新的高度。

在书的后半部分，作者精心挑选了一些在美国、瑞士、德国、日本等地拍摄的照片，并对照片中环境艺术的造型、色彩、材质、光线等基本设计手段进行了说明，相信会对读者有一定的启发。由于时间仓促，加之水平有限，不妥之处敬请读者指正。

鲁　睿

2012. 12. 12

目　录

第三章　商业购物空间的室内设计方法和理念

第四章　商业购物空间的室外设计

GUOJI SHANGYE GOUWU KONGJIAN SHEJI

国际商业购物空间设计

第五章　商业购物空间的设计程序与设计师素质

第六章　国外优秀作品赏析

第一章

商业购物空间和商店卖场的概念

逛街、购物一直被认为是非正务的且微不足道的小事。然而，随着经济与生活环境水准之提升，加以休闲时间增加，逛街、购物等初级产业以外的商业活动，已逐渐被视为生活中不可或缺的必要"活动"与动态元素。它可以是一种人文活动，也可以是商业活动，更可以被视为一种艺术，或环境认知与教育之多向度活动。为此，如何在现有经济条件下提供一个合理、人性且有效率的商业购物空间环境已是文明生活的一环。

消费模式方面发生了转变：由单纯购物发展为休闲、享受购物；由计划购物发展为随机的、冲动的购物。按社会学家桑巴特的理论，这种变化趋势是：由必要消费向奢侈消费（超出必要程度的任何消费）的转变。购物场所方面，由传统的百货商店（Department stores）向大型休闲广场（Leisure plazas）购物广场（Shopping malls），即商店中的商店（Shop in shop），由传统的临街店铺向超大型连锁超市（Hyper markets），由商品范围广的商店向单一商品的品牌店（Exclusiveness image）专卖店（Specialized shops）转变。

在转变过程中，出现了两种不同趋势：一方面人们去大卖场（Large shopping）大量购物（Run shopping）；一方面去专卖店、品牌店娱乐性购物（Fun shopping）。在社会学的范畴内，可以把这种变化趋势概括为"购买行为的异化"，即在购买行为中，享受、娱乐、刺激等心理体验是主体，买东西本

1

身成了客体。综上所述，我们可以把当今国际上常见的商业购物空间划分为两大类，即综合性的超大商业购物空间和单一、专营性的中小型商业购物空间。综合性商业购物空间往往以大取胜，其中也包含了一些中小型商业购物空间，但它的设计重点是突出商场的综合性和主题形象。而单一、专营性的中小型商业购物空间体现的则是品牌效应和售卖商品的专业性。两者既相互包容，又独立存在。

第一节　综合性的商业购物空间的概念和分类

商业购物空间的构成十分复杂，种类繁多。从各商场的客源来说，各种类型的商场面向不同的消费阶层，各自的目标市场面对不同职业与不同的购物喜好。商场的规模从营业面积达几千平方米的休闲广场到临街十几平方米的小专卖店。从商店卖场经营的产品来说，从家具到面点小吃，从高档豪华的轿车到小巧便捷的家用电器，应有尽有。

一、综合性的商业购物空间的构成

购物场所主要由如下几个类别构成，包括：（1）百货商店（Department stores）；（2）大型休闲广场（Leisure plazas）；（3）购物广场（Shopping malls）；（4）商业街（Sown town）。

购物场所从各类营利性服务机构上分类，包括：（1）各种类型的化妆品专卖店、珠宝专卖店、服装专卖店、鞋帽专卖店、家具专卖店；（2）超市、电影院、游戏厅、美发美容、健身俱乐部、网吧；（3）酒吧、咖啡厅、茶座、快餐店。

二、综合性的商业购物空间的概念和名称

（一）综合性的商业购物空间的概念

（1）商业环境艺术又被称为商业购物空间设计（Environmental design of Business），"其作为一种艺术，它比建筑艺术更巨大，比规划更广泛，比工程更富有感情。这是一种实效的艺术，是早已被传统所瞩目的艺术。商业购物空间设计的实践与人影响其周围环境功能的能力，赋予环境视觉次序的能力，以及提高人类环境质量和装饰水平的能力是紧密联系在一起的。"❶

（2）20世纪后，随着工业革命进程的加快，世界发达国家的城市渐渐形成了新型商业网。这些新型商业区与传统的商业街有着本质的区别，传统商业街一般集中在城市的繁华地带，由诸多老字号的商店为龙头慢慢演变而成。但由于城市人口不断增多，汽车工业迅猛发展，因此城市交通日渐拥挤，城市污染、地价

2

---

❶　引自 James C. Snyder *Architectural Research*，1984。

上涨等许多问题接踵而来。很多中产者移居到城市郊外，善于变通的商人们也随之将商场迁至郊外。为了方便顾客，发展商有了更全面的筹划，他们将购物、饮食、娱乐等各类服务功能都集中起来，并从建筑整体规划入手，建成了全新的商业区，它们往往是由几栋建筑联合构成，形成购物中心建筑群。

（3）商业购物空间是一种空间（Space），是一种环境（Environment）。它不只是平面的，还是可融合三度空间与时间的。为此，重新思考从事商业活动之环境心理以及动态体验，或时空人际互动，都是 21 世纪开创崭新商业环境空间的契机。

未来城市可以被想象成一个海中岛或太空城，甚至是地下城，而唯有一种元素是不会被改变的，那就是商业购物空间的社会角色。自渔港的水岸码头拍卖区到果菜市场到苏富比的拍卖市场，其真正精髓即在人与人之交流，以及物与物之交流。

（二）综合性的商业购物空间的名称

在英文中，与商业购物空间相关的名词有限。常用的有：Shopping center——购物中心，在美国又叫作"Mall"；Supermarket——超级市场，由柜台式售货发展成开架自选；Exclusiveness image——品牌店；Specialized shops——专卖店。

在我国，商业购物空间的名称五花八门，如大型购物中心被命名为：新东方天地、铜锣湾购物中心、新安购物中心、中原百货、百盛、崇光百货等。

三、综合性的商业购物空间的分类

综合性的商业购物空间环境种类繁多，大致可以分为五类。

（一）购物中心（Shopping center）

购物中心，在美国又叫作"Mall"。它通常要邻近高速公路，所以必须拥有足够的停车面积。为了吸引顾客前来购物，购物中心还需具备开阔的休闲区，其中包括餐饮区、娱乐区等。如图 1-1，美国底特律沃尔玛大型超市，其设计结合城市特色，绿色的背景招牌与褐红色的安全护栏相呼应，购物者可以方便地找到停车位，按照路标指引找到出入口。

在购物中心的每栋建筑都有多个共享大厅，人们可以在大厅里享受充足的阳光和周到的休闲服务，如定期的午间音乐会、频繁的艺术品展示会。

购物中心里的售货区大都以店中店的形式出现。众多的商家云集于此，纷纷以独特的店面形象出现，但还要与大空间相协调。为了容纳百家，建筑设计多采用含蓄的色调和朴素的材质，装饰风格也力求简洁大方，只是在中庭和环廊部分有精彩的装饰表现。如图 1-2，瑞士 IKEA 大型家具超市，足够大的停车场就是吸引客户的一大优势，建筑设计采用含蓄的色调和朴素的材质，装饰风格简洁大方。

图 1-1　美国底特律沃尔玛大型超市

图 1-2　瑞士 IKEA 大型家具超市

为了营造繁荣的市场气氛，在入口大厅和每层的开敞区域都有大面积的开放式售货区。这些区域一般都经营服装鞋帽等常规货品，由于是开放型售货，每个相邻售货区之间利用通道或展架分割空间，顶棚照明也成了划分空间的关键元素，尤其是反光灯带的空间界定效果显著。

综合性商业购物空间的开放区功能布局需要考虑以下几方面的因素：

（1）宽敞的交通线路。

开放区的人流较大，和主入口、公共区域邻近，所以必须留出足够的人流疏散面积，一般考虑5～8人并排穿行的距离。以每人正常比例80cm自由宽度为准，需要4～6m宽度的交通线，每个货区内的交通尺度可以最小1m的距离灵活划分。

（2）明显的购物导向。

集中安排的货区很容易让顾客迷路，为了方便顾客，应该在入口处设置明显的货区分布示意图，并且在主通道和各个货区设置导向标牌，也可以通过地面材质的变化引导顾客行进。

（3）充足的光照度。

开放区的顶棚层一般高为3～5m，须具备明亮的店面形象。购物中心的大厅正常光照度一般为500～1000lx。普通照明设备主要有金属格栅灯、节能筒灯、有机灯片、反光灯带以及自然采光等。

除了大厅的普通照明之外，商品的局部照明是突出表现商品的关键，局部照明光照度一般在1000lx以上。照明设备以石英射灯、筒灯为主。另外再配以辅助的装饰照明，整个大厅才会显得层次丰富，晶莹透亮。

（4）适量的储藏面积。

开放区货区商品种类和数量较多，一定要有足够的仓储面积，以便于货品的补充。储藏面积一般安放在靠墙或柱的位置，在不影响顾客视线的情况下与展柜有机地结合，并能形成装饰背景。

（5）分区的收款台和打包台。

为方便顾客在开放区购物，应该设置多处收款台和打包台。在服装区还应有若干试衣间。

购物中心另一种主要的售货形式是独立封闭的，习惯上称为店中店。店中店是购物中心变化最多的单元。往往由不同经营理念的商家租赁下来经营。在服从大的商业购物空间整体风格的前提下，每家店中店都会竭力体现自己的商业风格。如图1-3，瑞士苏黎世商业中心的苹果专卖店将室外光线引入室内给人留下深刻印象。装饰简洁的店面以及色彩绚丽的展品形成了良好的商业气氛，也让顾客享受了观光购物的乐趣。

图 1-3　瑞士苏黎世商业中心的苹果专卖店

虽然店中店所经营的内容千变万化，但从功能上分析，大致可以作如下分区：

（1）门面；（2）导购；（3）形象展示区；（4）商品展示区；（5）收银台；（6）打包台；（7）库房仓储。如果是服装店还要有更衣室。

由于店中店的经营多以品牌形象出现，所以在店面中门面和形象展示尤为重要，做得好的店面不仅造型新颖，具有个性，而且能将品牌风格鲜明地呈现出来。如图 1-4，瑞士苏黎世大型商业街入口空间设计，现代简约的特色给顾客留下深刻印象，让顾客从入口处就产生强烈的购物欲望。

商品展示区是店中店的主体，但由于一般店面都面积有限，所以在商品陈列时应将商品分类展示，并选精品陈列，展架的设计应和谐统一，与品牌形象有某些形式上的联系。

因为店中店是相对独立的经营体系，所以必须具备完整的经营流程。办公室、库房、职员休息更衣室等都应该设置，只是要根据相应的可用面积作合理布局。

（二）超级市场（Supermarket）

超级市场于 20 世纪 70 年代初始于美国，并很快风靡世界，成为发达国家全新的商业形式。计算机管理降低了商品成本，并由柜台式售货发展成开架自

图1-4 瑞士苏黎世大型商业街的入口空间设计

选，让顾客购物更随心所欲，从而扩大了商业机能。

这种机能的变革，使商业的空间布局也相应发生变化，其功能区分更条理化、科学化。集中式收款台设在入口处，无形中增大了货场的面积。在这里最重要的是商品种类区分布的合理性、方便性。超级市场遵循了一切为人着想的设计理念，成为大多数普遍家庭休闲购物的首选场所。

一般较大型的超级市场，除前场空间的合理划分外，后场加工设施也占据相当重要的空间，并与卖场相呼应。各种不同特色的店铺设置于外围，使超级市场更具特色，从而增加了游乐性。

（三）中小型自选商场（Middling optional marketplace and small optional marketplace）

超级市场经过多年的商业运转，得到不断更新，由大规模的商业经营转化成灵活方便的小规模经营，并渗入到居住小区和各类生活区里，包括饭店、度假区等。超级市场为人们起居购物提供了极大的方便，并日渐形成了众多连锁经营的自选商店。

1. 自选超市

自选超市，是近年来在我国快速发展的一种新型商店。店内备有人们日常生活中常用的食品、饮料、酒类、方便食品、日用杂品。凡是人们日常生活中

7

必需的都一应俱全。这种形式的商店有点类似于我们过去的杂货店，开店早，收店迟，甚至有 24 小时营业的商店，如 Seven-eleven，嘉顺超市等。这些自选超市方便人们购物、节省购物时间，是上班族、学生等经常光顾的商业空间。所以自选超市大都设在生活区内，并逐渐形成全国性连锁店的形式，如图 1-5。

2. 高速公路加油站自选商店

这种商店是为旅游、长时间驾驶汽车的人们提供饮料、食品、旅游纪念品的商业空间。它们大都开设在加油站旁的收款屋内，人们在交付加油费用的同时能光顾周围的货架。所以店内的陈设柜，大多数是保鲜柜（沿墙壁），中心区为标准货架柜（一般为金属柜架），商品陈列空间利用率高，利于顾客挑选商品。

为便于顾客挑选商品，室内平均照度高，店面空间在 $100 m^2$ 左右，为方便驾驶员和顾客，店内都设有热加工食品，供顾客即买即食，因此一般都设有加工间或厨房。如图 1-6 所示，德国高速公路休息区的自选商店，简洁的货柜靠墙摆放，干净整洁，并为顾客提供用餐区域。

图 1-5　瑞士洛桑市某生活用品及饰品连锁店　　　　图 1-6　德国高速公路休息区的自选商店

（四）商业街（Shopping street）

商业街是地面的综合性街道商业购物空间，作为商店街的延续。商业街按其使用机能分为几个部分：商店街、地下道出口、大型整合式卖场空间、办公空间。作为联合开发的附属建筑物，综合性街道商业购物空间与周围街道和都市空间成为一个有机的整体空间，引导人们的活动。按照商业街的各部分的功能，我们把它分为八个不同的空间来介绍。

1. 入口空间

商业街的入口空间附有让人等候、停留、休息的功能，不仅仅是一栋商业大楼的入口空间，还是传统市区商业街道的转化空间。因此应考虑街道与广场空间的关系。如图1-7，日本东京的台场维纳斯商业街的入口设计为下沉式空间，圆形的景观水池贴切地呼应了空间，并给行人提供了观赏和休息的空间。

图1-7　日本东京的台场维纳斯商业街的入口设计

2. 街道空间

商业街的主要空间为延续的街道空间。店家招牌立面应考虑其是否具有统一性、延续性。街道为行人重要的空间，不应只是附属于商店，还要考虑与街道空间的互动，将街道开放给店家，鼓励其经营整体街道的文化风格。如图1-8，德国波茨坦荷兰风情购物街，商店各自展示着自己的风格，丰富了商业街的风格文化。

图 1-8 德国波茨坦荷兰风情购物街

3. 商店空间

商业街的重要组成部分是满足人们购物需求的商店。商店的橱窗展示性要突出，标志最好采用 LED 光源。在设计商店位置时应考虑不同种类的产品统一在一个区域，如图 1-9，德国慕尼黑商业中心的店中店形式。

图 1-9 德国慕尼黑商业中心

4. 附属儿童游戏空间

商业购物空间应该提供儿童一定的游戏空间。许多情况下，都是全家人一同购物，所以商业购物空间应该提供公共性空间，面积约 $50m^2$，可分为家长座位区与游戏设施区。如图 1-10，英国纽开斯尔购物中心内的儿童乐园，丰富的游戏设施，吸引了很多带孩子的顾客光顾。

图 1-10　英国纽开斯尔购物中心内的儿童乐园

5. 展示空间

展示空间的面积与形式不一定，可大可小。可能为电视墙、平面展示或立体展示的设计，主要展示广告，或为都市空间的活动宣传，调动了商业街的气氛。

如图 1-11，德国柏林市商业街上的动态展示，特制的美国影星麦当娜的蜡像雕塑，作为电影活动的宣传。

6. 户外空间

考虑自然景观（阳光、风、声音）和街道的连接及出口空间的营造，设计户外或半户外空间，例如广场绿地、树荫、社区公园、通道、中庭、观景平台、儿童游戏场，并设计街道休息椅提供人们停留，增进人们彼此的沟通。例如图 1-12，德国莱比锡商业街游人停留区，此起彼伏的石板所做成的抽象的山峦造型，具有观赏性的同时，又可供游人休息。

图 1-11　德国柏林市商业街上的动态展示

图 1-12　德国莱比锡商业街游人停留区

7. 游客卫生间

卫生间是商业街区设计中不可缺的。设计者必须考虑顾客的生理需求，应注意卫生间设置的合理间距，其风格应与商业街整体相符。如图1-13，瑞士苏黎世某商业中心卫生间的设计。

图1-13 瑞士苏黎世市某商业中心卫生间

8. 附属空间与设施

附属空间与设施包括走道、空调机房、货梯、楼梯、储藏室、货物进出空间、管道间等。设计者应充分利用空间为顾客服务，同时还要考虑消防、运输等功能性需求，如图1-14为瑞士苏黎世某商业中心走廊的通讯设施设计。

（五）专卖店（Specialized shops）

随着生活节奏的加快，人们购物往往有很强的针对性，也慢慢形成同类商品集中的商业集市，如服装一条街、食品一条街、珠宝首饰街等。这些店面往往集中同类商品的各种品牌，在商业活动中能产生很高的效益。

1. 家用电器商店

不同的家用电器有其功能上的特性，因此，其陈设高度及空间位置应有所不同，如地面陈设、高台陈设、壁面陈设、吊挂式陈设等手法可满足消费者选购的不同需求。无论哪种陈设，柜架的尺度应符合人的基本视觉习惯。如图1-15，瑞士苏黎世商业中心的电器专柜，设计为开架式陈列。

图 1-14　瑞士苏黎世市某商业中心走廊的通讯设施设计

图 1-15　瑞士苏黎世商业中心的电器专柜

当今的家用电器商店设计，追求商品的最佳展示效果，如设计出一部分空间来设置电视墙，利用更具魅力的视觉图像来展示商品而吸引顾客。音响陈设需设计奇特的环境作为背景，使人有身临其境的感受。又如轻巧精致的商品应陈设在透明的玻璃柜内，使人感受到商品的精美及价值，而产生一种占有欲。这些都是陈列艺术的作用。

创造了具有亲近感的空间尺度后，再配以适度的照明及色彩装饰，更能增强商业气氛。现代家用电器向系列化、系统化、高级化方向发展。店主及售货员对系列化产品的使用具备一般常识，但如何更好地陈列这些商品，则是设计师的重要工作内容之一。

2. 妇女、儿童时装商店

妇女、儿童时装商店具有很强的消费阶层倾向，而且时装又是一种艺术感染力非常强的商品，具有强烈的时代性与流行性。因此，时装店的室内设计应强调其现代感及特色风格，也需要有很强的艺术烘托力。

特色时装店不同于其他的专业商店。当顾客进入商店后的第一印象，应具有很强的整体形象感，才能衬托出时装的自身美感。店铺室内是最佳的时装陈列环境背景。好的陈列环境使人置身于艺术的气氛中，从而感到兴奋不已。如图1-16和图1-17，香港海港城时装店和香港海港城亲子时装店，具有很强的整体形象感，强调了现代感和特色风格。

图1-16 香港海港城时装店

图 1-17　香港海港城亲子时装店

3. 鞋店

鞋店的展品尺寸较小，且品种繁多，在展区设计上应注意分区分组陈设，注重流线安排。如图 1-18，英国伯明翰商业中心的运动鞋专卖店，丰富的展示形式、合理的动线让整个空间繁而不乱。

图 1-18　英国伯明翰商业中心运动鞋专卖店

4. 金银首饰店

专业首饰店的室内设计重在贵重商品的陈设与展示，首饰物小价昂，如何展示陈列，需要下一番工夫。

因为是贵重商品，所以商品的陈列柜除具备陈设展示功能外，收纳及防盗功能也至关重要。陈列柜的展示与陈列尺度也需满足顾客易于观看的视觉需求。

照明设计也应考虑照明器具的比例尺度与该商品协调，如石英吸顶牛眼灯、石英轨道射灯。在装修材料方面也应选择高档耐用的材料。如图1-19，荷兰阿姆斯特丹的首饰店，整个展示柜的设计功能一应俱全。

图1-19　荷兰阿姆斯特丹某首饰店

5. 品牌商品专卖店

专卖店的另一种形式是同一品牌的商店。在经营系列商品的同时，商家更注重的是树立品牌形象和针对消费群体的定位宣传。并且同一品牌的商品往往是系列销售，如品牌服装店，就会有与服饰有关的鞋帽等饰物，所以展架的设计与摆放有一定的分区和错落。通常都会有一个主体的形象展示面作为品牌宣传的重点。

在商业环境中，最主要的是"买"与"卖"，怎样最直接地将顾客与商品进行最好的联系是商家的成败命脉。所以，商品展示设计是极其重要的。通过前面所列举的不同商业形式可以看到，无论怎样分类都应处理好人与商品的关系。如图1-20，瑞士洛桑的劳力士专卖店，整个店面的设计都在强调品牌高贵的形象。

图1-20　瑞士洛桑的劳力士专卖店

第二节　专营性商业购物空间

随着中国经济持续高速发展与高收入人群的增长以及互联网推动的全球商业和文化的交融渗透，商品零售市场的细分、相关联的商店形式和种类，以及人们购物消费的模式，都已经发生深刻变化。人们开始具有品牌意识，有了自己钟爱的品牌，甚至成为某一品牌的忠实拥护者。

专营性商业购物空间就是这一现象的产物。商店的卖场从功能到氛围都应与商店经营的产品相匹配。商店卖场在方便顾客享受购物的同时也要使顾客感受整个空间环境带来的舒适与惬意，如此有利于商店卖场的现场销售。

一、专营性商业购物空间的概念

专营性商业购物空间的概念首先运用于零售业，是指商店的营业场所，是顾客购买商品、零售商销售商品的空间或场所。专营性商业购物空间可单独存在，也可以是综合性商业购物空间的一部分，是陈列商品及与顾客发生交易，即产生"买卖"的场所。卖场以建筑物为界限，分为店铺内部环境及外部环境。店铺外部环境主要包括店铺的外观造型、店面、橱窗、店头广告招牌以及店铺四周的绿化等；店铺内部环境是指店铺内部空间的布局及装饰，它主要包括商品的陈列或展示、货架柜台的陈设组合、POP广告、娱乐服务设施以及店堂的美化装饰等。

二、专营性商业购物空间的设计与经营

随着商业卖场不断走向成熟，商场的种类、数量、规模不断增加，竞争正日益激烈。为了更好地适应环境，满足顾客的需要，营造宜人的购物环境将成为商场经营者占领目标市场的重要手段。购物空间的设计与经营重点，可以从以下几个方面进行分析。

（一）专营性商业购物空间的选址是首要环节

卖场选址主要考虑城市的商业中心、规划中大型商业地块。参照物主要有大中型超市、购物中心、大卖场、专卖店、银行、干洗店、冲印店等服务设施。凡上述类型的设施集中的地段可作为考虑的备选点。还需考虑交通便利性。

卖场选址是卖场设计的第一步，是一项长期投资，同样也是商场经营成功的首要条件。两个同规模同档次的商场，即使营业内容、服务水平、管理水平、促销手段等方面大致相同，但仅仅由于所处的地址不同，经营效益就有可能大相径庭。连锁商场由于卖场选址的差异，其经营效益往往差异很大，这也证实了卖场选址对商场经营的重要性。如图1-21，瑞士苏黎世商业街位于城市商业中心，交通便利，配套设施齐全，众多世界知名商铺林立其中。

（二）专营性商业购物空间形象是第一商品

购物空间的形象是影响企业形象的重要因素，是企业的第一商品，主要由商场的外观形象及店内形象构成。现代社会，企业出于竞争的需要越来越重视形象的设计，导入CIS（Corpormtion Identity System）系统。其中视觉识别（Visual Identity，VI）指根据企业具体化、视觉化的表达形式对企业进行识别。在CIS系统中，VI是CIS的脸面，是CIS系统中最直观、最容易被公众接受的部分，也是最富有创意的部分。

购物空间建筑、标志、店名等构成购物空间，带给公众的具体化、视觉化

图 1-21　瑞士苏黎世商业街

的外观形象，也是给公众最初的视觉接触点。市场学专家第·雅吉（D. Jaggi）说过："外观是人们对一件事的第一印象。"购物空间的形象在一定程度上体现了该购物空间的风貌，是顾客对购物空间整体形象的主要构成部分。良好的卖场形象是企业潜在的资产，是产品销售的先驱。如果说购物空间外观形象构成公众对购物形象的第一外观感觉，那么购物空间的店内形成的氛围则更容易让顾客感受到经营者的理念方针以及对顾客的尊重程度。

1. 外观形象

购物空间的外观形象包括购物空间的建筑外形、尺度、线条、色彩设计等，例如门窗装饰、招牌、模特造型、广告牌、霓虹灯、招贴画等都是构成购物空间外观形象的基本要素。购物空间的外观形象往往决定了顾客对购物空间的第一印象。制作精美的外观装饰是美化营业场所、装饰店铺、吸引顾客的重要手段。如图 1-22，日本东京名店坊，施华洛世奇的金属外延设计结合水晶的主题，一目了然。

图 1－22　日本东京名店坊

2. 内在形象

　　现代商场经营不仅需要特色的服装、餐饮，还要为顾客提供满意的服务，并使顾客感受到不同的商业文化。从商场企业在市场上运作的角度来说，第一层次的竞争是价格竞争。这是最低层次也是最普遍的竞争方式；进一步上升到质量竞争；最高层次竞争则是个性与文化的竞争。购物空间的室内装饰与布置同样也富有文化内涵。现代商场已经不仅仅是供应购物的场所，更是一个包括宴会、社交、休闲、娱乐等功能的多元化场所。如图 1－23，日本心斋桥商业购物街，集购物、餐饮、休闲多种功能于一体。消费者进行商场消费，本质上也是购买文化、消费文化及享受文化。商场企业也是生产文化、经营文化和销售文化的企业。对文化内涵的注重将成为竞争的起点，起点高则发展余地大；

21

注重文化内涵也成为竞争的主要手段，手段强则力度大。随着经济发展及顾客的逐渐成熟、消费观念的不断变化，商场企业更应注重个性与文化的张扬和发展，满足顾客的个性化需求。如图1-24，德国柏林Sony商业大厅，注重个性与文化的张扬和发展，满足顾客的个性化需求。

图1-23　日本心斋桥商业购物街

（三）从商业购物空间的销售作用看

卖场之所以称为卖场，在于它是进行商品销售的场所。同样，卖场是商场产品的销售场所，是商场企业赢利的重要阵地。因此，除了营造舒适的环境以外，如何创造良好的销售氛围，有利于顾客消费及追加消费，是购物空间设计的另一重要目的。

众所周知，商场产品具有同时性的特点，即商场产品的销售及消费是同时

图 1-24 德国柏林的 Sony 商业大厅

发生，也是同地发生的。因此，购物空间的销售氛围影响客人的购买行为，例如是否购买、购买的数量及购买金额的大小等。如果商店的卖场注重营造销售氛围，合理设计及布置各类卖场广告，增加产品信息的可及性，设计各类促销活动，使现场充满感染力，将利于顾客的即兴消费及追加消费，从而增加商店的销售额。

1. 商业购物空间广告促销作用

卖场的各类橱窗、招牌、招贴、布景、特色推荐等，对产品销售有着巨大作用。卖场广告是一个庞大的家族，它们相互配成一支强大的"推销员"队伍。卖场广告以多种形式具体生动地向顾客宣传展示商店及主打产品、新产品、特色产品等，引导顾客进行购买、冲动购买。如图 1-25 为瑞士苏黎世商业街的商店橱窗展示。

图 1 - 25 - 1　瑞士苏黎世商业街的商店橱窗

图 1 - 25 - 2　瑞士苏黎世商业街的商店橱窗

图 1 - 25 - 3　瑞士苏黎世商业街的商店橱窗

图 1 - 25 - 4　瑞士苏黎世商业街的商店橱窗

图 1 - 25 - 5 瑞士苏黎世商业街的商店橱窗

图 1 - 25 - 6 瑞士苏黎世商业街的商店橱窗

2. 商业购物空间人员促销作用

购物空间服务人员的销售技巧对于商店产品的销售至关重要，是构成良好的商业购物空间销售气氛的重要因素。这里所指的服务人员不仅包括售货员工，也包括其他在现场与顾客接触的全体卖场工作人员，如保安员、服务员、收银员等。商店的每一位员工都是"推销员"，他们的形象、服务态度及服务技巧都是对商场产品进行有利推销的重要工具与手段。服务员的个人仪容仪表是否整洁、大方，服务员的举止、言谈是否得体，极大地影响整个商店产品的销售情况。如图1-26，中国香港地区海港城，在旅游纪念周上，身着日本传统服饰的工作人员和孩子们留影，能带动购物空间的销售气氛。

图1-26 中国香港地区海港城

3. 商业购物空间活动促销作用

在购物空间现场举办各种各样的促销活动既可增添购物空间的活跃气氛，又能有效地促进销售。例如进行特殊活动推销、展示推销、赠品推销以及针对某顾客群的活动推销等。只要策划得当、进行顺利，这些在购物空间现场举办的活动往往能起到良好的效果。

显而易见，一家不重视卖场设计的卖场与另一家经过精心构思设计的购物空间相比，效果是大相径庭的。好的卖场设计不取决于投资的多少，设计构思才是关键。金帛绸缎固然华丽，乡间土布也别具风采。材料、样式、色彩布局，每一环节都反映了设计者的构思。巧妙地选择与合理的配置使低投资与高效益成为现实。同时，注重现场销售的购物空间会积极营造有效的销售气氛，利于顾客的现场销售、即兴消费及追加消费。同样，主题突出、富有特色的卖场设计会给顾客留下深刻的记忆。顾客是商店最好的宣传者，他们的交口称赞会给购物空间赢得良好声誉，有助于购物空间的发展与生存。如图1-27，日本迪斯尼购物中心，利用卡通形象营造童话王国的氛围。再如图1-28，香港海港城在春节期间的入口设计，利用红色布标和灯笼装饰出新春的吉祥气氛。图1-29，香港铜锣湾黄埔新天地春节期间的生肖转经轮，烘托出吉祥如意的气氛。

图1-27　日本东京迪斯尼的购物中心

28

图1-28　香港海港城春节期间的入口设计

图 1-29 香港铜锣湾黄埔新天地春节期间的生肖转经轮

本章 同步实践练习

一、问题与思考

（1）商业购物空间的构成十分复杂，种类繁多，从各商场的客源而言，购物场所主要由哪几个类别构成，它们的空间特点各是什么？

（2）大型购物空间的开放区功能布局需要考虑哪几方面的因素？

（3）店中店所经营的内容千变万化，但从功能上分析，大致可以作几个分区？

二、作业

根据现有某城市商城进行市场分析，分析其目标市场定位和设计上的优缺点，写出1000字的现状报告。

第二章

商业购物空间的设计理念和
设计项目

成功的设计源自正确的指导思想与原则。由于商业购物空间经营与管理以及商场产品的特性，其设计必须依据一定的原则与理念。同时，这些特性也决定了购物空间的设计包罗万象，内容繁多，并且关系到多种关联学科。

第一节　商业购物空间的设计理念

以消费者为中心，为消费者服务，是零售商业企业经营管理的核心。因此，零售企业的购物空间设计应研究消费者的心理特点，并与之相适应，为消费者提供最适宜的环境条件和最便利的服务设施，使消费者乐意到商店并能够舒畅、方便地参观选购商品。而要达到这一要求，就必须研究商店购物空间设计与消费者心理的关系。通过对购物空间设计与消费者心理的研究，掌握其规律，使商店购物空间设计适应消费者的心理特点，从而扩大商品的销售量，既满足消费者的需求，又使企业获得较好的经济效益。

一、顾客导向性

商店购物空间设计与消费者心理有着密切的联系。人的心理现象是多种多样的，但归纳起来可分为：心理过程——认识、感情和意志；个性心理——个性的心理倾向性及个性的心理特征两大类。每个人在任何时候所产生的心理活动，都是这两类心理现象许多部分的参与结合成整体而形成的，都是这两类心理现象相互联系、相互作用的结果。

"卖场"是为顾客服务的，这是经营购物空间的原则。经营成功的购物空间，是那些从顾客的需要和喜好出发，依据"为顾客而设置"的原则拟订计划，并加以实施的购物空间。而那些无视顾客需求，只根据经营者或设计者个人喜好设置的卖场则会走向失败。以顾客为导向尤其应该真正了解顾客的需求，从最根本上给顾客以关怀。一些购物空间一味追求豪华材料的堆砌来强调高档，而忽视了生态环境的需要。一些购物空间走进了高档的误区，认为只有强调空间的金碧辉煌、豪华气派，才能吸引顾客，似乎必须采用高档进口材料、水晶吊灯，才能带给客人高档的享受，却没有注意到顾客真正的需要，没有认识到为顾客创造一个好的购物环境的重要性。如图 2-1 展示的是德国波茨坦市古老的荷兰区设计，具有强烈的民族风格，同时给顾客一种田园的亲切感。

二、消费者浏览商店的特点及消费心理

售货现场的布置与设计，应以便于消费者参观与选购商品、便于展示和出售商品为前提。售货现场是由若干不同商品种类的柜组组成的。售货现场的布置和设计就是要合理摆布各类商品柜组在卖场内的位置，这是设计售货现场的一项重要工作。零售企业的管理者应将售货现场的布置与设计当作创造销售（而不仅仅是实施销售）的手段来运用。

图 2-1-1　德国波茨坦市古老的荷兰区（Brandenburger Strassse）设计

图 2-1-2 德国波茨坦市古老的荷兰区（Brandenburger Strassse）设计

图 2-1-3 德国波茨坦市古老的荷兰区（Brandenburger Strassse）设计

消费者购买行为研究，关键是弄清消费者在以下一系列问题上的决策。

（1）谁参与购买活动（Who）？

（2）他们购买什么商品（What）？

（3）他们为什么要购买（Why）？

（4）他们在什么时候购买（When）？

（5）他们在什么地方购买（Where）？

（6）他们准备购买多少（How much/many）？

（7）他们将如何购买（How）？

这些决策的作出是消费者在外部刺激下产生的心理活动的结果。这些外部刺激被消费者接收后，经过一定的心理过程，产生看得见的行为反应，我们将这一行为叫做消费者购买行为模式。

消费行为本身的基本功能是满足生活"需求"（Need），这类似于建筑的基本功能是"庇护"，心理反应简单直接，譬如，鞋子穿坏了就要去买一双。这构成了购买行为和心理活动的"金字塔模型"的基础；金字塔的腰部是"渴求"（Want），其行为和心理活动的过程是：非常希望拥有某一件商品，且它大部分不是生活必需的，经过一段渴望的时间，攒够了购买这件商品的钱，去商店把它购买下来，接下来是持续一段时间的满足感。例如，一个工厂的工人，用辛勤工作一年积攒下的钱买了一块欧米茄手表。实际上一块便宜的电子表足以提供精确的计时，但重要的是他的购买让他感到自己的生活品质得到了提升。塔尖的购买行为和心理是最复杂的，属于典型的"购买行为的异化"。在这类购买行为中，享受、娱乐和"刺激"（Excitement）等心理活动是主体，购买行为是客体。例如一个人在给女朋友一次购买十双不同颜色的名牌鞋子的时候，他感受到了刺激和享受。商品不仅变成了"异化"的客体，爱情本身也随着这种心理活动成为附属物。"九百九十九朵玫瑰"亦如此。如图 2-2，瑞士苏黎世购物街的 KURZ 名表店吸引了许多顾客驻足观看，这些顾客成为潜在的消费主体。

（一）特别注意研究对消费者意识的影响

消费者的意识具有整体性的特点，它受刺激物的影响才可能产生，而刺激物的影响又总带有一定的整体性。这一整体性特点直接影响消费者的购买行为。因此，在售货现场的布局方面，就要适应消费者意识的整体性这一特点，把具有连带性消费的商品种类邻近设置，相互衔接，给消费者提供购买与选择商品的便利条件，并利于介绍推销商品。如图 2-3，德国柏林市卡迪威（KADEWE）百货大楼的食品专柜，在面包柜周边连带性地布置了其他的食品，种类邻近设置，给消费者提供便利的选择条件。

图 2-2　瑞士苏黎世购物街的 KURZ 名表店

图 2-3-1　德国柏林市卡迪威（KADEWE）百货大楼的食品专柜

图 2-3-2　德国柏林市卡迪威（KADEWE）百货大楼的食品专柜

图 2-3-3　德国柏林市卡迪威（KADEWE）百货大楼的食品专柜

（二）研究消费者的无意识

消费者的注意可分为有意注意与无意注意两类。消费者的无意注意，是指消费者没有目标或目的，在市场上因受到外在刺激物的影响而不由自主地对某些商品产生的注意。这种注意，不需要人付出意志的努力，对刺激消费者购买行为有很大的意义。如果在售货现场的布局方面考虑到这一特点，有意识地将有关的商品柜组，如妇女用品柜与儿童用品柜、儿童玩具柜邻近设置，向消费者发出暗示，引起消费者的无意注意，刺激其产生购买的冲动。如图2-4，德国慕尼黑高速公路休息区的购物小店，琳琅满目的各种旅游纪念品和食品增加了顾客在加油结账后的二次消费。

图2-4　德国慕尼黑高速公路休息区的购物小店

（三）考虑商品特点，方便消费者购买

如销售率高、交易零星、选择性不强的商品，其柜组应设在消费者最容易感知的位置，以便于他们容易购买，节省购买时间；又如对花色品种复杂、需要仔细挑选的商品及贵重商品，要针对消费者求实购买心理，设在售货现场的深处或楼房建筑的上层，以利于消费者在较为安静、顾客流量较小的环境中认真仔细地挑选。同时应该考虑，在一定时期内调动柜组的摆放位置或货架上商品的陈列位置，使消费者在重新寻找所需商品时，受到其他商品的吸引。如图2-5，瑞士洛桑市购物中心的化妆品展卖区柜组设在消费者最容易感知的入口位置。

图2-5　瑞士洛桑市购物中心的化妆品展卖区柜组

（四）应考虑延长消费者参观、浏览商店的时间

人们进入超级市场购物，总是比原先预计要买的东西多，这主要是由售货现场设计与货品刻意摆放导致的。售货现场设计为长长的购物通道，以避免消费者从捷径通往收款处和出口，当消费者走走看看时，便可能看到一些引起购买欲望的商品，从而增加购买。又如，把体积较大的商品放在入口处附近，这样消费者会用商场备有的手推车在行进中不断地选择并增加购买商品。超级市场购物通道的这一设计思路，可以为其他业态所借鉴，尽可能地延长消费者在售货现场的"滞留"时间。售货现场的通道设计要考虑便利消费者行走、参观浏览、选购商品，同时还要考虑为消费者之间传递信息，相互影响创造条件。

进入商店的人群大体可分为三类：有明确购买动机的消费者，无明确购买动机的顾客和无购买动机的顾客。无明确购买动机的顾客在进入商店之前，并无具体购买计划；而无购买动机的顾客则根本没打算购买任何商品。他们在进入商店参观浏览之后，或是看到许多人都在购买某种商品，或是看见了自己早已想购买而一时没碰到的某种商品，或是看到某些有特殊感情的商品，或是看到与其知识经验有关的某一新产品等，才产生需求欲望与购买动机。引起这两类顾客的购买欲望是零售企业营销管理的重要内容之一，而这种欲望与动机的产生，是消费者在商店进进出出、在卖场通道穿行时相互影响的结果。因此，在售货现场的通道设计方面，要注意在柜台之间形成的通道应保持一定的距离。中央通道要宽敞些，使消费者乐于进出商店，并能够顺利地参观浏览商品，为消费者彼此之间无意识的信息传递创造条件，增加商品对消费者的诱导机会，从而引起消费者的购买欲望，使其产生购买动机。同时，也为消费者选购商品创造一个较为舒适的购物环境。如图 2-6 为日本大阪浅草寺的步行购物街，它是游客参观的必经路线，以当地特色食品和旅游商品为要素来诱导顾客消费。

图 2-6-1　日本大阪浅草寺的步行购物街

图 2-6-2　日本大阪浅草寺的步行购物街

图 2-6-3　日本大阪浅草寺的步行购物街

三、购物空间的设计原则

(一) 符合性

购物空间设计是商店卖场经营的基础环节，其中包括店址确定、购物空间环境设计、平面设计、空间设计、造型设计及室内陈设设计等。这一切都必须以购物空间需要满足的功能为依据，都必须以购物空间的经营理念为出发点。脱离购物空间经营理念与宗旨的购物空间设计是不成功的设计，这也恰恰是购物空间设计脱离市场定位造成的弊端之一。不同等级、规模、经营内容及理念的购物空间，其购物空间设计的重点与原则也各有不同。商店购物空间设计还应考虑到投入与产出之间的关系，即整个装饰用材应符合商店卖场的经营档次及规格。卖场装饰布置的最终目的是获得最大范围的顾客青睐及扩大销售量，增加收入。所以，如果盲目追求用材的高档化、贵族化，整体上缺乏亲和力，反而会疏远顾客。好的效果不是靠高档材料堆砌而成，而是在于巧妙的构思及创意。如图 2-7，瑞士洛桑的某品牌购物中心选址在集市中心来吸引顾客，使顾客亲切感倍增。

图 2-7　瑞士洛桑的某品牌购物中心

(二) 文化性

随着经济的发展，社会文化水平的普遍提高，人们对商场消费文化性的要求也逐步提高。世界商业发展趋势是饭店产品文化内涵的不断升值，通过文化氛围的营造与文化附加值的追加吸引顾客。这对商场业而言，同样适用。购物空间的文化风格应与购物空间的市场定位相匹配，与商场企业的企业文化相呼应。无论从购物空间建筑外形、卖场空间分隔、色彩设计、照明设计乃至陈设品的选用都应充分展现其特色的文化氛围，帮助商场企业树立形象与品牌。如图2-8，日本东京的购物街的中华面店，其橱窗造型和灯箱都表现了商店的主题，使消费者一目了然。

（三）个性化

商业购物空间设计的特色与个性化是购物空间取胜的重要因素。购物空间设计与运营的脱节、主题性的缺乏，使一些商店的购物空间设计显得比较平庸，因过分地趋于一致化或追求某些略带盲目的"时兴"而缺乏个性和特色。缺乏风格特色和文化内涵的卖场也就缺少了营销的"卖点"和"热点"，只能流于千篇一律的雷同和俗套。盲目堆砌高档装修材料，忽视个性风格塑造和文化特征是购物空间设计的大忌，对整个商场的发展也是不利的。日本是世界年人均消费最高的国家之一，其商场非常注重体现特色与个性，注重营造特有的风格和氛围，是日本商场生财的要诀。如图2-9，坐落在日本东京的购物中心的儿童玩具专卖店，外轮廓是一舞台的造型，象征着舞台木偶剧，在钢筋水泥的建筑中别具一格。

图2-8　日本东京的购物街的中华面店　　图2-9　坐落在日本东京的购物中心的儿童玩具专卖店

（四）以满足人的功能需求为核心

（1）以人为本，物为人用，是室内设计的社会功能基石。设计者首先要满足人们的心理、生理等需求，确保人的安全和身心健康。从多项局部考虑，从以人为本的精神实质出发，综合满足使用功能、经济效益、舒适美观、环境氛围等种种要求。现代商业购物空间设计要特别注重人体工程学、环境心理学、审美心理学、地域文脉等方面的研究，科学、深入地了解人们的生理特点、行为心理和视觉感受等方面对室内环境的设计要求。如图 2-10，德国马格德堡商业步行街的食廊，鲜明的文化特色让人眼前一亮，充满了德国传说文化内涵。

图 2-10　德国马格德堡商业步行街的食廊

（2）根据不同对象，考虑不同的需求。如幼儿、残疾人需要无障碍设施，老年人需要考虑其公共场所安全。如图 2-11，德国慕尼黑市宝马总部售车中心的卫生间通道，方便顾客的同时考虑了休息和等候的家属。

图 2-11-1　德国慕尼黑市宝马总部售车中心的卫生间通道

图 2-11-2　德国慕尼黑市宝马总部售与中心的卫生间通道

图 2-11-3　德国慕尼黑市宝马总部售车中心的卫生间通道

（3）空间的组织、色彩、照明等方面，不仅需要环境气氛的烘托，更要注重人的行为心理、视觉感受要求。

（五）环境整体观

现代商业购物空间设计的立意、构思、风格、环境气氛的创造，须着眼于环境的整体、文化特征及功能特点等多方面因素，建筑的内外应是相辅相成辩证统一的关系，需要对环境整体有足够地了解和分析，立足于室内，着眼于"室外环境"把室内设计看成自然环境——城乡环境（包括历史文脉）——社区建筑环境——室内环境互相连接、互相制约和提示的因素存在。如图 2-12，日本大阪的中心商业街，现代的建筑风格，细致的照明设计，超大的中庭设计给在室内的整条街营造出室外效果。

图 2-12-1　日本大阪的中心商业街

图 2-12-2　日本大阪的中心商业街

（六）个性与艺术性的结合

创造室内环境中高度重视科学性、高度重视艺术性，以及不相互的结合。当代科学技术成果包括新型材料，结构构成和施工工艺，以及良好的声、光、热环境的设备设施、表现手段、设计方法等方面日益受到重视，但这些运用的前提是认真地分析和确定室内物理环境和心理环境的优劣。注重科学性，更要重视艺术性，以及建筑美学原理，使人们在心理上、精神上得到平衡。现代建筑和室内设计中的高科技（High-tech）、高情感（High-touch）是科学性与艺术性、生理要求与心理要求、物质因素与精神因素的平衡和综合。如图2-13，日本东京时尚购物中心的个性化的化石装置艺术，诠释了一种概念，又增强了环境的艺术性。

图 2-13　日本东京时尚购物中心个性化的化石装置艺术

（七）时代感和历史文脉并重

室内设计须反映当时社会生活活动和行为模式，不仅需要采用当代物质手段，完善时代的价值观和审美观，还应具有历史延续性，追踪时代和尊重历史，要因地制宜，因地方风格和民族特点，按照历史文化延续和发展的轨迹进行设计。如图2-14，瑞士苏黎世西区的现代时尚购物中心，其建筑设计采用20世纪70年代建筑的原始工厂风格，具有民族特点和历史文化延续性。

图 2-14　瑞士苏黎世西区的现代时尚购物中心

四、流动空间的设计原则

购物空间设计还可具有流动性，即在卖场运用运动中的物体或形象，不断改变处于静止状态的空间，形成动感景象。流动性设计能打破卖场内拘谨呆板的静态格局，增强卖场的活力与情致，活跃卖场气氛，激发顾客的购买欲望。购物空间的动态设计可以体现在多个方面，例如卖场内美妙的喷泉、在卖场中流动的顾客、不断播送各类商品信息的电子显示屏以及旋律优美的背景音乐等。如图 2-15，日本东京购物中心的过渡空间设计。

流动空间的设计还应注意卖场形象设计的具体表现，它是购物空间经营者根据经营范围和品种、经营特色、建筑结构、环境条件、顾客消费心理、管理模式等因素确定企业的理念信条或经营主题，并以此为出发点进行相应的购物空间设计。一般通过导入企业形象策略来实现意境设计，例如按企业视觉识别系统中的标识、字体、色彩而设计的图画、短语、广告等均属意境设计。

图 2-15　日本东京购物中心的过渡空间设计

五、商业购物空间的设计风格

风格流派的丰富性给予近现代的商业卖场以开阔的表现空间，为人类营造出更加舒适、轻松的生活、生产及活动空间，更赋予人类新的生活理念。

（一）传统风格

传统风格的商业卖场，是在室内布置、线形、色调以及家具、陈设的造型等方面，吸取传统装饰"形""神"的特征设计而成的。例如吸取我国传统木构架建筑室内的藻井天棚、挂落、雀替的构成和装饰，明、清家具造型和款式特征。又如吸收西方传统廊柱风格中的柱式、檐板、顶棚的绘画和雕塑样式，哥特式、文艺复兴式、巴洛克、洛可可、古典主义等风格家具和软装饰样式，仿欧洲英国维多利亚或法国路易式的室内装潢和家具款式。此外，还有日本传统风格、印度传统风格、伊斯兰传统风格、北非城堡风格等。传统风格常给人们以历史延续和地域文脉的感受，它使室内环境突出了民族文化渊源的形象特征。如图 2-16，德国弗赖堡老城商业步行街的毛线店，外檐部分保持德国建筑的造型的同时展示色彩缤纷的货品。

图 2-16　德国弗赖堡老城商业步行街的毛线店

（二）现代风格

现代风格起源于 1919 年成立的鲍豪斯学派。该学派强调突破旧传统，创造新建筑，重视功能和空间组织，注意发挥结构构成本身的形式美。现代风格造型简洁，反对多余装饰，崇尚合理的构成工艺，尊重材料的性能，讲究材料自身的质地和色彩的配置效果，发展了非传统的以功能布局为依据的不对称的构图手法，重视实际的工艺制作操作，强调设计与工业生产的联系。如图 2-17，日本东京的时尚商业中心的饭店和走廊设计，对各种历史元素重构，以大面积整列的形式出现，呼应店内商品特色，给人带来视觉刺激。

（三）后现代风格

"后现代主义"一词最早出现在西班牙作家德·奥尼斯 1934 年的《西班牙与西班牙语类诗选》一书中，用来描述现代主义内部发生的逆动，代表一种现

图 2-17　日本东京的时尚商业中心的饭店和走廊

代主义纯理性的逆反心理。后现代风格强调建筑及室内装潢应具有历史的延续性，但又不拘泥于传统的逻辑思维方式，探索创新造型手法，讲究人情味，常在室内设置夸张、变形的柱式和断裂的拱券，或把古典构件的抽象形式以新的手法组合在一起，即采用非传统的混合、叠加、错位、裂变等手法和象征、隐喻等手段。后现代风格的代表人物有 P. 约翰逊、R. 文丘里、M. 格雷夫斯等。如图 2-18，德国柏林弗里德里希购物中心，线条简约、时尚。整片墙面以玻璃和亚克力陶片两种装饰材料来表现，与白色阳伞对比，加上局部红砖设计，整体营造出清新、整洁和简约的氛围。

图 2-18　德国柏林弗里德里希购物中心

（四）自然风格

人类一直在不断地造物，为生命的生存和生活制造着人工化的第二自然。人们在利用自然的同时也在改造自然，又建造着另一个不同的"自然界"。在这种第二自然中，现代人们的生活已经开始了背叛。自然风格就是人类最自豪的向人工自然挑战的宣言书。自然风格倡导"回归自然"，推崇真实美、自然美。在科技快速发展的今天，温柔的自然，才最能使人的生理以及心理趋于平和、安定。如，院中有池，池中有喷泉，墙上爬有一株常青藤，在品茗之时倾听着流水的潺潺之音，感受着宁静与安详的氛围。

自然风格赋予商业卖场以自然的生命。因此在设计空间中，可应用天然的木料、石材等进行装饰，其自然的纹理和清新淡雅的气质深受欢迎。所以在商业卖场界，逐渐形成了自然、田园的艺术形式，力求在设计中表现清新舒适的田园生活情趣的同时，创造出自然、简朴、祥和的生活氛围。如图 2-19，日本东京商业中心的休息区设计，主地面设计成老式红砖，使人产生优雅、舒适的田园情趣。

（五）综合型风格

在"综合即是设计"的时代设计理念指引下，人们已经对商业卖场的综合性、多元化进行了实践。即，将商业卖场中的诸多要素（尤以风格、气质的装饰表现为主），进行了时间和空间概念的融合。综合型设计风格在设计中表现

图 2-19　日本东京商业中心的休息区设计

形式多样，设计方法不拘一格，可以充分地运用古今中外的一切艺术手段进行设计。如将中国的传统木质门窗与西方的传统建筑结构相组合；或是将传统屏风与现代化的生活环境相结合。

"综合型设计"是使室内空间在具有时代性的同时，不乏传统艺术魅力的痕迹，从而将不同表现力的设计元素自然和谐地结合，创造出别具匠心、新颖舒适的室内空间环境。如图 2-20，瑞士苏黎世新兴的购物中心内的餐饮空间设计，泰式古典装饰丰富了空间形式，使空间更为生动。

（六）其他风格

当然，在历史的发展中，伴随着文化、艺术及设计观念的不断深入，各种流派层出不穷。如新地方主义派强调地方特色或民俗风格；新古典主义派注重运用传统美学法则来使现代材料与结构的建筑造型和室内空间产生规整、端庄、典雅、高贵的气质；孟菲斯派则以打破常规而风靡一时；在东方情调派中，"天人合一"、朴素、古雅的中国风、东方情也在设计中占有一席之地。如图 2-21，德国马格德堡酒店，一层购物餐厅商业空间的设计风格新颖独特。

图 2-20 瑞士苏黎世新兴的综合购物中心内的
餐饮空间设计

图 2-21-1 德国马格德堡酒店

图 2-21-2　德国马格德堡酒店

六、商业购物空间的风水学

现代商业购物空间讲究将西方艺术与中国风水进行完美结合，用艺术的方法创造购物中心的风水格局。

（1）每一个购物中心都有其独特的地理位置、历史状况和建筑结构。以中国香港为例，香港购物中心尤其注重利用独特的地理和环境因素，构筑自身的风水格局。

风水是中国一门古老的哲学，是中国传统文化的瑰宝。在现代，风水更成为生态智慧的演绎。很多购物中心都十分重视自身的风水格局，甚至在建筑规划时就进行了综合的考虑。如图 2-22，香港 IFC mall 是风水智慧与当代艺术结合的代表作。

（2）现代中国购物中心对风水格局的构建也具有新的内涵，甚至将风水与雕塑艺术结合起来，而不再是简单的狮子和麒麟。例如，香港 IFC mall 的风水格局就有十分成熟的考虑，在天台，视野开阔，可以见到中银大厦。香港中

图 2-22 香港 IFC mall

银大厦是香港标志性建筑，在建筑外形上，其像一把刺向天空的剑。IFC mall
二期建成后，其成为香港当时最高的建筑物。为达成和谐共生的风水生态格
局，IFC mall 的天台上建有一个新的艺术雕塑。这个由彩色玻璃构成的艺术雕
塑十分美观，从外形上看，仿佛一枚钻石，走近细心一看，可以发现钻石上有
无数把"剪刀"。而这些剪刀正构成了风水生态中的强势格局，化解了"剑"
的压力。

IFC mall 将建筑规划、风水格局与艺术作品结合起来，形成一个十分有价
值、有参考意义的作品，使人们从中意识到：风水智慧与当代艺术可以结合得
如此巧妙！

第二节　商业购物空间的设计项目

商业购物空间由于其本身的特性以及经营内容的复杂性，设计内容较为繁杂，所关联的学科也比较广泛。

一、商业购物空间的相关设计项目

现代商业购物空间设计涉及的范围很广，包括购物空间选址、室内外设计、陈设和装饰等方面。

（一）商业购物空间设计的基本项目

商店购物空间设计的基本内容可以从两个方面来进行划分：商店卖场外部购物空间设计及商店卖场内部购物空间设计。

1. 商店卖场外部购物空间设计项目

（1）商店卖场选址；

（2）商店卖场外观造型设计；

（3）商店卖场标识设计；

（4）商店卖场门面设计；

（5）商店卖场橱窗设计；

（6）室外绿化布置。

2. 商店卖场内部购物空间设计项目

（1）商场卖场空间布局设计；

（2）商场动线设计；

（3）商场主体色彩设计；

（4）照明的确定和灯具的选择；

（5）休息区的配备、选择和摆放；

（6）地毯及其他装饰织物的选择及铺放；

（7）室内观赏品、绿化饰品的陈设；

（8）服务流程与服务方式设计；

（9）员工形象及服饰设计；

（10）商场促销用品设计；

（11）商场促销活动设计等。

（二）购物空间设计的应变项目

除了以上基本内容外，购物空间设计还有一个重要的环节，便是为商场在特定时间或特殊项目而进行的购物空间设计，通常为：

（1）促销购物空间设计；

（2）传统节日购物空间设计；

（3）店庆购物空间设计；

（4）主题活动购物空间设计等。

二、商店购物空间设计的关联学科

一个完整的购物空间设计必须具备多方面的知识，例如：

（1）商场专业类知识：商场企业经营、管理、服务方面的专业知识；顾客的饮食消费心理。

（2）装饰美学类知识：实用美学、空间、色彩的知识。需要知道它们在人们生活中的地位和作用；家具的不同功能和风格；照度和灯具风格、织物的性能和装饰效果；室内观赏品、艺术品的有关知识，包括它所包含的文化、历史、艺术、宗教意义等；绿化的作用、形式与装饰效果等。

（3）其他相关学科：环境学、心理学、行为科学、人类工程学、民俗学等学科都对购物空间设计有相应的指导作用。

三、商业购物空间的经营范围

（一）百货商品类

（1）化妆品专卖店；

（2）珠宝专卖店；

（3）妇女服装专卖店；

（4）男士服装专卖店；

（5）鞋帽专卖店；

（6）家具专卖店；

（7）家用电器；

（8）眼镜店。

（二）食品类

（1）中小型自选超市、生活用品自选商店；

（2）食品保鲜自选商店。

（三）娱乐类

（1）游戏厅、电影院；

（2）美发美容；

（3）健身俱乐部；

（4）网吧；

（5）酒吧、咖啡厅；

（6）茶座、快餐店。

一、问题与思考

（1）商业购物空间风格流派的丰富性给人们营造出各种不同感受的生活、生产及活动空间，主要设计风格包括哪几种？

（2）商业购物卖场的设计原则有哪几种？

二、作业

手绘出 3 种不同风格的购物共享空间，A3 大小，风格不限。

第三章

商业购物空间的室内设计
方法和理念

在大自然中，空间是无限的，但是人们可以通过物质手段来限定，以满足人们的各种需求。购物空间设计是商业购物空间环境的主体，需以卖场的形式来表现它的使用性质。使人们进入商场中就会感受到空间的存在，这种感受来自天棚、地面与墙面所构成的三度空间。

商场室内界面是指围合成卖场空间的地面、墙面和顶面。室内界面的设计既有功能技术要求，也有造型美观要求；既有界面的线性和色彩设计，又有界面材质选用和构造问题。因此，界面设计在考虑造型、色彩等艺术效果的同时，还需要与房屋室内的设施、设备等周密协调。它决定着卖场空间的容量和形态，既能使卖场空间丰富多彩，层次分明，又能赋予卖场空间以特性，同时有助于加强购物空间的完整性。

第一节　商业购物空间设计的基本理论

人们对商业购物空间环境气氛的感受，通常是综合的、整体的。既有空间的形状，也有作为实体的界面。例如，卖场空间的墙体的不同围合形式会产生不同的空间形态，而空间形态的不同会使人产生不同的购物心理。总之，商业购物空间的不同处理手法和不同的目的要求，都是为了营造一个舒适的购物环境。

一、空间类型

卖场空间的类型可以根据不同空间构成所具有的性质和特点来加以区分。

（一）开敞空间与封闭空间

开敞空间和封闭空间是相对而言，开敞的程度取决于有无侧界面、侧界面的围合程度、开洞的大小及启用的控制能力等。开敞空间和封闭空间也有程度上的区别，如介于两者之间的半开敞空间和半封闭空间。它取决于房间的使用性质以及房间与周围环境的关系，还取决于视觉上和心理上的需要。

1. 开敞空间

开敞空间是外向型的，限定性和私密性较小，强调与外界环境的交流、渗透，讲究对景、借景以及与大自然或周围空间的融合。它可提供更多的室外景观和更广的视野。在使用时开敞空间灵活性较大，便于经常改变室内布置。在心理效果上开敞空间常表现为开朗及活跃。在对景观关系和空间性格上，开敞空间是收纳性的和开放性的。如图 3 - 1，德国慕尼黑宝马 4S 店的广场开放式空间，设计开朗、活跃，可扩大消费者的视野。

图 3 - 1　德国慕尼黑宝马 4S 店的广场开放式空间

2. 封闭空间

封闭空间是采用限定性较高的围护实体将空间包围起来，在视觉、听觉等方面具有很强的隔离性。心理效果表现为领域感、安全感及私密性较高。如图 3 - 2，瑞士洛桑的 Jill Stuart 饰品店采用封闭式设计，增加了私密性。

图3-2　瑞士洛桑的 Jill Stuart 饰品店

（二）动态空间与静态空间

1. 动态空间

动态空间又可称为流动空间，具有空间的开敞性和视觉的导向性，界面组织具有连续性和节奏性，空间构成形式富有变化和多样性，使视线从一点转向另一点，引导人们从"动"的角度观察周围事物，将人们带到一个有空间和时间相结合的"第四空间"。开敞空间连续贯通之处，正是引导视觉流通之时，空间的运动感表现在塑造空间形象的运动性，更在于组织空间的节律性。如图3-3，日本大阪购物中心中庭设计，空间组织灵活，呈多样性。丰富的活动空间使整个空间显得极具连续性和节奏性。

动态空间的特点：

（1）利用机械、电器、自动化的设施以及人的活动等形成动势。（2）组织引入流动的空间序列，方向性较明确。（3）空间组织灵活，人的活动线路为多向。（4）利用对比强烈的团和动感线性。（5）光怪陆离的光影，生动的背景音乐。（6）引入自然景物。（7）利用楼梯、壁画、家具等使人的活动时停、时动、时静。（8）利用匾额、楹联等启发人们对动态的联想。如图3-4，伦敦耐克专卖店的动态空间设计，地面的线条丰富了空间的形式，让空间更为生动。

61

图 3-3　日本大阪购物中心中庭

图 3-4　伦敦耐克专卖店的动态空间设计

2. 静态空间

静态空间一般来说形式相对稳定，通常采用对称式和垂直水平界面处理。空间比较封闭，构成比较单一，视觉多被吸引在一个方位或一个点上，空间较为清晰、明确。

静态空间的特点：

（1）空间的限定度较强，趋于封闭型。（2）多为尽端房间，序列至此结束，私密性较强。（3）多为对称空间（四面对成或左右对称），除了向心、离心以外，较少其他倾向，达到一种静态的平衡。（4）空间及陈设的比例、尺度协调。（5）色彩淡雅和谐，光线柔和，装饰简洁。（6）实现转换平和，避免强制性引导视线。如图 3-5，德国杜塞尔多夫大型商店的幼儿静态空间设计，色彩淡雅和谐，光线柔和，装饰简洁。

图 3-5　德国杜塞尔多夫大型商店的幼儿静态空间设计

（三）虚拟空间与虚幻空间

1. 虚拟空间

虚拟空间是指在已界定的空间内通过界面的局部变化而再次限定的空间。由于缺乏较强的限定度，而是依靠"视觉实形"来划分空间，所以也称为"心理空间"。如局部升高或降低的地坪和天棚，或以不同材质、色彩的平面变化来限定空间。如图 3-6，日本大阪商业街 BOCO 咖啡店设计，抽象的造型给顾客很大的想象空间。

图 3-6   日本大阪商业街 BOCO 咖啡店设计

2. 虚幻空间

虚幻空间是利用不同角度的镜面玻璃的折射及室内镜面反映的虚像,把人们的视线转向由镜面所形成的虚幻空间。虚幻空间可产生空间扩大的视觉效果,有时通过几个镜面的折射,把原来平面的物件造成立体空间的幻觉,还可把不完整的物件造成完整物件的假象。在室内特别狭窄的空间,常利用镜面来扩大空间感,并利用镜面的幻觉装饰来丰富室内景观。在空间感上使有限的空间产生了无限的、虚幻的感觉。虚幻空间所采用的现代工艺造成的奇异光彩和特殊肌理可创造出新奇的、超现实的空间效果。如图 3-7,日本东京迪斯尼的虚幻空间设计,宇航器的造型好像马上要腾空起浮,给人一种身处童话世界的感觉。

图 3-7　日本东京迪斯尼的虚幻空间设计

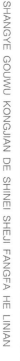

（四）凹入与外凸空间

1. 凹入空间

凹入空间是在室内某一墙面或局部角落凹入的空间，是在室内局部退进的一种卖场空间形式，特别在入口设计中运用比较普遍。由于凹入空间通常只有一面开敞，因此受到干扰较少，形成安静的一角。有时可将天棚降低，营造清静、安全、亲密的氛围。根据凹进的深浅和面积的大小不同，可以进行多种用途的布置，如利用凹入空间布置休息椅，创造理想的交流、休息空间。在餐厅、咖啡室等处可利用凹室布置雅座，避免人流穿越的干扰，以便获得良好的私密空间。在内廊式的商业街，利用内凹式设计适当间隔布置凹室，作为橱窗展示或休息等候场所，可以避免空间的单调感。

2. 外凸空间

凹凸是一个相对的概念，如外凸空间对内部空间而言是凹室，但对外部空间而言则是凸室。通常的外凸空间设计都希望将建筑更好地伸向自然，例如水面，以更好地达到三面临空、饱览风光、使室内外空间融为一体的目的。也可通过锯齿状的外凸空间，改变建筑朝向方位等。外凸式空间在现代欧美商业建筑中运用得较为普遍，如建筑中的挑阳台、阳光室等都属于此类。如图 3-8 和图 3-9，德国慕尼黑购物中心的凹入与外凸空间设计。

65

图 3-8　德国慕尼黑购物中心的凹入空间设计

图 3-9　德国慕尼黑购物中心的外凸空间设计

（五）上升空间与下沉空间

1. 上升空间

室内地面局部抬高，抬高地面的边缘划分出的空间称为"地台空间"。由于地面升高形成一个台座，在和周围空间相比时十分醒目突出，为众目所向，因此其性格是外向的，具有收纳性和展示性，适用于惹人瞩目的展示和陈列或眺望。如将家具、汽车等产品以地台的方式展出，创造新颖、现代的空间展示风格。专卖店可利用地面局部升高的地台布置主打商品，产生简洁而富有变化的卖场空间形态。在设计过程中可降低台下空间用于储存、通风换气等，具有实用功能。一般情况下地台抬高高度为 40～50 厘米。如图 3-10，英国伦敦耐克专卖店设计，展柜地步的抬高，丰富了空间立体形式，同时又能作为展示空间。

图 3-10　英国伦敦耐克专卖店的展柜地步设计

2. 下沉空间

下沉空间又称地坑，是将室内地面局部下沉，在统一的卖场空间产生出一个界限明确、富于变化的独立空间。由于下沉地面标高比周围要低，因此具有一种隐蔽感、保护感和宁静感，可成为具有一定私密性的小天地。同时随着视线的降低，空间感觉增大，会使室内景观产生不同凡响的变化。下沉空间适用于多种性质的空间。根据具体条件和要求，可设计不同的下降高度，也可设计围栏保护，一般情况下，下降高度不宜过大，避免使人产生进入底层空间或地下室的感觉。如图 3-11，日本东京购物中心外咖啡演绎休闲大厅，地面下的错落营造了下沉空间，构成了虚拟的就餐环境。

图 3-11　日本东京购物中心外的咖啡演绎休闲大厅

（六）共享空间

共享空间能满足各种频繁的、开放的公共社交活动和丰富多样的旅游生活的需要。共享空间由波特曼首创，在各国享有盛誉，通常以罕见的规模和内容、丰富多彩的环境、别出心裁的手法，将多层共享打扮得光怪陆离、五彩缤纷。共享空间是一个运用多种空间处理手法的综合体系，它在空间处理上，大中有小，小中有大，外中有内，内中有外，相互穿插，融汇各种空间形态，变则动，不变则静，单一的空间类型往往给人静止的感觉，多样变化的空间形态就会使人产生动态的感受。如图 3-12，德国慕尼黑的宝马 4S 店的共享空间设计，层次分明，包括了售车、购物、餐饮等综合营销。

（七）母子空间

人们在大空间一起活动、交流，有时会感到彼此干扰，缺乏私密性。封闭大小空间虽可避免上述缺点，但又会增加购物中的不便，产生沉闷、闭塞的感觉。母子空间是对空间的二次限定，是在原空间中用实体性或象征性的手法限定出小空间，且与开敞空间相结合，被广泛采用。将大空间划分成不同的小区域，可增强亲切感和私密感，更好地满足了人们的心理需要。这种在强调共性中有个性的空间处理，强调心（人）与物（空间）的统一，是现代商业建筑设计的进步。如图 3-13，澳门威尼斯酒店卖场的母子空间设计，限定出的小区域增强了亲切感和私密感。

图 3 – 12　德国慕尼黑的宝马 4S 店共享空间设计

图 3 – 13　澳门威尼斯人酒店卖场的母子空间
设计

（八）交错穿插空间

利用两个相互穿插、叠合的空间所形成的空间，称为交错空间或穿插空间。现代卖场空间设计早已不满足于封闭的六面体和传统的空间形态，在创作中也逐渐将室外空间的城市立交模式引入室内，水平方向采用垂直护墙的交错配置，形成空间在水平方向上的穿插交错。"你中有我，我中有你"所形成的空间相互界限模糊，空间关系密切，在分散和组织人流上颇为相宜。在交错穿插空间中，交错、穿插空间形成的水平、垂直方向空间流动，具有扩大空间的功效，人们上下活动交错穿流，俯仰相望，静中有动，不但丰富了室内景观，也给卖场空间增添了生机和活力。如图3-14，德国宝马4S店中部店面设计，交错穿插的室外商业街设计，空间界限模糊，空间关系密切，丰富的室内景观也给购物空间增添了生气和活力。

图3-14　德国宝马4S店中部店面设计

（九）灰空间

灰空间又称为模糊空间，它的界面模棱两可，空间充满复杂性和矛盾性，具有多种功能。灰空间通常介于两种不同类型的空间之间，如室内、室外；开敞、封闭等。灰空间所具有的不确定性、模糊性与灰色性可延伸出含蓄和耐人寻味的意境，多用于处理空间与空间的过渡、延伸等。灰空间的处理，应结合具体的空间形式与人的意识感受，灵活运用。如图3-15，日本大阪的商业街灰空间设计，充满了大气的空间气质，含蓄而耐人寻味。

图 3-15　日本大阪的商业街的灰空间设计

二、空间划分

卖场空间的划分可以按照功能需求作种种处理。随着应用物质的多样化、立体的、平面的、相互穿插的、上下交叉的变化来塑造空间，或者利用采光、照明的光影、明暗、虚实、陈设的简繁及空间曲折、大小、高低和艺术造型等手法来塑造不同类型的空间。

（一）封闭式划分

采用封闭式划分是为了对声音、视线、温度等进行隔离，形成独立的空间。这样相邻空间之间互不干扰，具有较好的私密性，但是流动性较差。一般利用现有的承重墙或现有的轻质隔墙隔离。如图 3-16，德国柏林某购物中心中的毛线陈列展架，采用封闭的橱窗实体分割空间，既构成了独立的销售空间，又强化了商业展示的效果。

（二）局部划分

采用局部划分，是为了减少视线上的相互干扰，对于声音、温度等没有分隔。局部划分的方法一般是利用高于视线的屏风、家具或隔断等，这种分隔的强弱因分隔体的大小、形状、材质等方面的不同而不同。局部划分的形势有四种，即一字形垂直划分、L 形垂直划分、U 形垂直划分、平行垂直面划分。局

71

部划分多用于大空间内划分小空间的情况。如图3-17，英国伦敦购物商城采用展柜分割的方式，在共享大厅中划分相对独立的电视专卖厅。

图 3-16　德国柏林某购物中心的毛线陈列展架

图 3-17　英国伦敦购物商城的展柜设计

（三）列柱划分

柱子的设置最初是出于结构的需要。现代建筑设计有时也用柱子来分隔空间，以丰富空间的层次与变化。柱距愈近，柱身愈细，分隔感愈强。在大空间中设置列柱，通常有两种类型：一种是设置单排列柱，把空间一分为二；一种是设置双排列柱，将空间一分为三。一般是使列柱偏于一侧，使主体空间更加突出，而且有利于功能的实现。设置双列柱一般会有三种情形，第一种是将空间分成三部分，第二种是边跨大而中跨小，第三种是边跨小而中跨大，第三种方法是普遍采用的，它可以使主次分明，空间完整性较好。如图 3-18，德国法兰克福 Galeria Kaufhof 购物中心的双排古典式立柱将大厅一分为二，营造了典雅的购物氛围。

图 3-18 德国法兰克福 Galeria Kaufhof 购物中心的双排古典式立柱设计

（四）利用基面或顶面的高差变化划分

利用高差变化划分空间的形式限定性较弱，通过部分形体的变化给人以启示、联想，营造划定空间的感觉。空间的形状装饰简单，却可获得较为理想的空间感。常用的方法有两种：一是将室内地面局部提高；二是将室内地面局部降低。两种方法在限定空间的效果上相同，但前者在效果上具有发散的弱点，一般不适合于内聚性的活动空间，在居室内较少使用。后者内聚性较好，但在一般空间内不允许局部过多降低，因而较少采用。顶面高度的变化方式较多，可以使整个空间的高度增高或降低，也可以是在同一空间内通过看台、排台、悬板等方式将空间划分为上下两个空间层次，既可扩大实际空间领域，又丰富了卖场空间的造型效果。如图3-19，瑞士洛桑百货商店，错落、变幻的顶部造型颇具动感，还起到了划分功能区域的作用。

图3-19 瑞士洛桑百货商店的顶部造型设计

（五）利用建筑小品、灯具、软隔断划分

通过喷泉、水池、花架等建筑小品对卖场空间划分，不仅可保持大空间的特性，还能活跃气氛，又具有分隔空间的作用。利用灯具对空间进行划分，常采用的方式是挂吊式灯具或适当排列其他灯具并布置相应的光照。所谓的软隔断就是通过布幔、珠帘及特制的折叠连接帘进行隔断，增强了亲切感和私密感，可更好地满足人们的心理需要。如图3-20所示，德国法兰克福Galeria Kaufhof购物中心利用商品、酒桶等元素分割空间。

图 3 - 20 - 1　德国法兰克福 Galeria Kaufhof 购物中心

图 3 - 20 - 2　德国法兰克福 Galeria Kaufhof 购物中心

三、空间的界面设计

界面处理，是指通过对卖场空间的各个围合面——地面、墙面、隔断、平顶等各界面的使用功能和特点的分析，在此基础上对界面形状、图形线脚、肌理构成以及界面和结构构件的连接构成进行设计。如水、电、风等管线设施的协调配合等。

（一）各类界面的共同要求

室内空间各界面和配套设施装饰材料的选用，直接影响整体空间设计的实用性、经济性、美观性以及环境氛围，是设计者设计空间效果的重要环节。所以，设计者必须熟悉各种装饰材料的质地、性能特点，掌握材料的价格和施工工艺，尽快学会运用先进的装饰材料和施工技术，为实现更好的设计创意打下坚实的基础。

不同的建筑部位对装饰材料的物理、化学性能、观赏效果等的要求也各有不同。例如对建筑外装饰材料，要求有较好的耐风化、防腐蚀的耐候性能。例如，由于大理石的主要成分为碳酸钙，它常与城市大气中的酸性物化合而受侵蚀，所以，装饰一般不宜使用大理石。对于不同功能性质的室内空间，需选用不同的装饰材料，由不同类别的界面材料来烘托室内环境氛围。例如，休闲、娱乐空间的热闹欢快气氛，办公空间的宁静、严肃气氛，与所选材料的肌理、光泽、色彩等有着密切关系。如图 3-21，德国科隆 Galeria Kaufhof 购物中心的运动品专卖空间利用红色的铝塑板来装饰空间，营造出整洁、动感的效果。

装饰材料的选择需要考试以下因素：

（1）耐久性及使用期限；

（2）耐燃及防火性能；

（3）无毒；

（4）无害的核定放射剂量；

（5）易于制作安装和施工；

（6）必要的保温隔热、隔声吸音性能；

（7）装饰与美观要求；

（8）经济要求。

（二）各类界面的功能特点

1. 适合装饰设计的相应部位

例如踢脚部位，由于需要考虑地面清洁工具、家具、器物底脚碰撞时的牢固程度和清洁的方便，因此，通常选用有一定强度、硬质、易于清洁的装饰材料。

图 3-21　德国科隆 Galeria Kaufhof 购物中心的运动品专卖空间

2. 符合更新、时尚的发展需要

由于现代室内设计具有动态发展的特点，设计装修后的室内环境，通常并非是一劳永逸的，而是需要更新，讲究时尚。原有的装饰材料需要由无污染、质地和性能更好、外观更为新颖美观的装饰材料来取代。

3. 精心设计、巧用、精用、新用材料

材料的选用还应注意"精心设计、巧于用材、优材精用、一般材质新用"的装饰标准有高有低，即使是标准高的室内，也不应用高贵材料进行堆砌。有些人们不易直接接触的墙面，可不加装饰，具有模板纹理的混凝土面、清水砖面或有些顶面可直接由显示结构的构件构成。

（三）购物空间各界面和配套设施装饰设计的原则与要点

1. 设计原则

（1）装饰、装修要与室内空间各界面及配套设施的特定要求相协调，达到高度的、有机的统一。

（2）在室内空间环境的整体氛围上，要服从不同功能的室内空间的特定要求。

（3）室内空间界面和某些配套设施在处理上切忌过分突出。它们作为室内环境的背景，对室内空间、家具和陈设仅起烘托、陪衬的作用。但是对于需要营造特殊气氛的空间，如舞厅、咖啡厅等，有时也需对配套设施做重点装饰处理，以强化效果。

（4）充分利用材料质感。质地美，能加强艺术表现力，给人以不同的感受。质粗使人感到稳重、浑厚，它也可以吸收光线，使人感到光线柔和；质细使人感到轻巧、精致；表面光滑可以反射光线，使人感到光亮。一般说来，大空间、大面积，质宜粗；小空间、小面积，质宜细。

（5）充分利用色彩的效果。色彩是从属于形式和材料的，虽然不同的人对色彩的反应并不完全一样，但是色彩对人的视觉却有强烈的感染力，有着较强的表现力。色彩效果包括生理、心理和物理三方面的效应，所以说，色彩是一种效果显著、工艺简单和成本经济的装饰手段。确定室内环境的基调，创造室内的典雅气氛，主要靠色彩的表现力。一般来说，室内色彩应以低纯度为主，局部地方可作高纯度处理，家具及陈设品可作对比色处理，以达到低纯度中有鲜艳、典雅中有丰富、协调中有对比的目的效果。

（6）照明及自然光影在创造室内气氛中起烘托作用。安静及私密性的空间光线要较暗淡些，甚至需要若隐若现；热闹及公共性空间的光线则要明亮些，可利用天窗的顶光增加自然光线，利用窗花、花格顶棚等增加光影的变化。

（7）充分利用其他造型艺术手段，如图案、壁画、几何形体、线条等的艺术表现力。

（8）在建筑物理方面，如保温隔热、隔音、防火、防水，也包括空调设备等，主要是按照需要及条件来进行考虑和选择。如图 3-22，日本东京购物街，墙面的金属质感和女性服装的对比设计，增加了空间的艺术表现力。

（9）构造施工上要简洁，经济合理。

图 3-22　日本东京购物街某时装店的店面设计

2. 设 计 要 点

（1）形体。

形体是由面构成，面是由线构成。室内空间界面和配套设施中的线，主要是指分格线和由于表面凹凸变化而产生的线。这些线可以体现装饰的静态或动态，可以调整空间感，也可以反映装饰的精美程度。例如，密集的线有极强的方向性；柱身的槽线可以把人们的视线引向上方，增加柱子的挺拔感；沿走廊方向表现出来的直线，可以使走廊显得更深远；弧线有向心力或离心力，剧场顶棚弯向舞台的弧形分格线，有助于把人的视线引向舞台。

室内空间界面和配套设施的面是由各界面和配套设施造型的轮廓线和分格线构成的，不同形状的面会给人以不同的联想和感受。例如，棱角尖锐的面，给人以强烈和刺激的感觉；圆滑的面，给人以安静和柔和的感觉；梯形的面给人以坚固和质朴的感觉；正圆形的面中心明确，具有向心力和离心力等。正圆形和正方形属于中性形状，因此，设计者在创造具有个性的空间环境时，常常采用非中性的自由形状。如图 3 - 23 所示，德国莱比锡 Galeria Kaufhof 购物中心的食品空间采用不同形体的组合设计。

图 3 - 23　德国莱比锡 Galeria Kaufhof 购物中心的食品空间

形体可以从两个方面来理解：一方面是由各界面和配套设施围合而成的空间形体；另一方面指各界面和配套设施自身表现出来的凹凸和起伏。不同空间形体和不同界面及配套设施的形体变化对空间环境会产生重大影响，前者如人民大会堂墙壁与顶棚没有明显的界限，自然衔接，形成一个浑然一体的形体；后者则主要指大的凹凸和起伏，如藻井或吊顶下垂的筒灯等。

（2）质感。

在选择材料的质感时，应把握好以下几点：

① 要使材料性格与空间性格相吻合。室内空间的材料性格决定了空间气氛。因此，在材料选用时，应注意使其性格与想要达到的空间气氛相配合。例如，娱乐休闲空间易采用明亮、华丽、光滑的玻璃和金属等材料，可给人以豪华、优雅、舒适的感觉。

② 要充分展示材料自身的内在美。天然材料巧夺天工，自身具备许多人工难以模仿的美的要素，如图案、色彩、纹理等，因而在选用这些材料时，应注意识别和运用，应充分体现其个性美，如石材中的花岗岩、大理石，木材中的水曲柳、柚木、红木等，都具有天然的纹理和色彩。因此，在材料的选用上，并不意味着高档、高价便能出现好的效果。只要能使材料各尽其用，即使成本不高，也可以获得理想的效果。

③ 要注意材料质感与距离、面积的关系。同种材料，当距离或面积不同时，给人的感觉往往也是不同的。光洁度好的材质距离越近感受越强，越远感受越弱。例如，光亮的金属材料，用于面积较小的地方，尤其在作为镶边材料时，显得光彩夺目，但当大面积应用时，就容易给人以凹凸不平的感觉；毛石墙面近观很粗糙，远看则显得较平滑。因此，在设计中，应充分把握这些特点，并在大小尺度不同的空间中巧妙地运用。

④ 注意与使用要求相统一。对不同要求的使用空间，必须采用与之相适应的材料。例如，录音棚或微机房应具有隔声、吸声、防潮、防火、防尘、光照等需求，在设计时就应选有具有这些功能的材料。对同一空间的墙面、地面和顶棚，也应根据耐磨性、耐污性、光照柔和程度以及防静电等方面的不同要求而选用合适的材料。

⑤ 注意材料的经济性。选用材料必须考虑其经济性，且应以低价高效为目标。即使装饰高档的空间，也要注意不同档次的材料合理运用。若全部采用高档材料，反而给人以浮华、艳俗感。如图 3 - 24 所示，德国宝马 4S 店的走廊空间，打空铝板的造型有秩序地大面积铺设，工艺简单、施工方便、美观大方。

（四）空间界面构成

1. 顶棚装饰设计

顶棚是室内空间的上界面，是室内空间设计中的遮盖部件。作为室内空间的一部分，顶棚的使用功能和艺术形态越来越受到人们的重视，其对室内空间形象的塑造有着重要的意义。一是遮盖各种通风、照明、空调的线路和管道；二是为灯具、标牌等提供一个可载实体；三是创造特定的使用空间和审美形式；四是起到吸声、隔热、通风的作用。如图 3-25，德国马格德堡的麦当劳餐饮空间，顶棚的有序分割和柱式相互呼应，有很好的导向作用。

图 3-24　德国宝马 4S 店的走廊空间　　　图 3-25　德国马格德堡麦当劳的餐饮空间

（1）影响顶棚使用功能的因素。

① 顶棚作为一种功能，它表面的设计和材质都会影响空间的使用效果。当顶棚平滑时，它能成为光线和声音有效的反射面。若光线自下面或侧面射来，顶棚本身就会成为一个广阔、柔和的照明表面。它的设计形状和质地不同，也影响房间的音质效果。在大多数情况下，如大量采用光滑的装饰材料，就会引起反射声和混响声，因而在公共场合，必须采用具有吸声效果的顶棚装饰材料。在办公室、商店、舞厅等场所，为了避免声音的反射，采用的办法是增加吸音表面，或是使顶棚倾斜或用更多的块面板材进行折面处理。

② 顶棚的高度对于一个空间的尺度也有重要影响。较高的顶棚能产生庄重的气氛，特别是在整体设计规划时应给予足够的考虑，例如，可以高悬一些豪华的灯具和装饰物。低顶棚设计能给人一种亲切感，但过于低矮也会适得其反，会使人感到压抑。低顶棚一般多用于走廊和过廊。在室内整体空间中，通过内外局部空间高低的变换，有助于限定空间边界，划分使用范围，强化室内装饰的气氛。

③ 由于灯光控制有助于营造气氛和增加层次感，所以在设计顶棚时，灯光是一个不容忽视的因素。在美观与实用并重的同时，现今比较偏重于西方后现代派的简约主义手法，即采用简练、单纯、抽象、明快的处理手法，不但能达到顶棚本身要求的照明功能，而且能展现出室内的整体美感。

④ 此外，随着装饰设计和施工水平的提高，在满足人们使用的同时，室内设计越来越强调构思新颖独特，注重文化内涵。在满足使用功能的前提下，同时也重视室内装饰新材料、新技术的开发和运用，尤其对室内顶棚装饰细部的设计和施工，精益求精，一丝不苟。

（2）顶棚的设计形态对空间环境的影响。

顶棚的设计一般是在原结构形式的基础上对顶棚进行适度的掩饰与表现，以展示结构的合理性与力度美，是对结构造型的再创造。由于室内顶棚阻挡较少，能够一览无余地进入人们的视线，因而它的空间组合形式、结构造型、材质、光影、色彩以及灯饰和边线等方面，能给人以强烈的直观形象和环境氛围感受。

顶棚的设计形态，构成了空间上部的变奏音符，为整体空间的旋律和气氛奠定了视觉美感基础。例如，线形表现形式能产生明确的方向感；格子形的设计形式和有聚焦点的放射形式能产生很好的凝聚感；单坡形顶棚设计可引导人的视线从下向上移动；双坡形顶棚设计可以使人的注意力集中到中间屋脊的高度和长度上，使人产生安全的心理感受；中心尖顶的顶棚设计给人的感觉是崇高、神圣；多级形的顶棚设计会使顶棚平面与竖直墙面产生缓和过渡与连接，丰富层次感。在设计实践中，除上述各种设计形式之外，还可以大胆采用直线、弧线、圆形、方形等点、线、面的结合，对同种材料和不同材料之间的搭配进行艺术处理，可达到新颖独特、富有现代感的装饰效果。

（3）顶棚装饰设计的要求。

① 注意顶棚造型的轻快感。轻快感是一般室内顶棚装饰设计的基本要求。上轻下重是室内空间构图稳定感的基础，所以顶棚的形式、色彩、质地、明暗等处理都应充分考虑该原则。当然，特殊气氛要求的空间例外。

② 满足结构和安全要求。顶棚的装饰设计应保证装饰部分结构与构造处理的合理性和可靠性，以确保使用的安全，避免意外事故的发生。

③ 满足设备布置的要求。顶棚上部各种设备布置集中，特别是高等级、大空间的顶棚上，通风空调、消防系统、强弱电错综复杂，设计中必须综合考虑，妥善处理。同时，还应协调通风口、烟感器、自动喷淋器、扬声器等与顶棚面的关系。

（4）常见的顶棚形式。

① 平整式顶棚。平整式顶棚的特点是顶棚表现为一个较大的平面或曲面。这个平面或曲面可能是屋顶承重结构的下表面，其表面是用喷涂、粉刷、壁纸等装饰，也可能是用轻钢龙骨与纸面石膏板、矿棉吸声板等材料做成平面或曲面形式的吊顶。有时，顶棚由若干个相对独立的平面或曲面拼合而成，在拼接处布置灯具或通风口。平整式顶棚构造简单，外观简洁大方，适用于候机室、候车室、休息厅、教室、办公室、展览厅和卧室等气氛明快、安全舒适或高度较小的空间。平整式顶棚的艺术感染力主要来自色彩、质感、风格以及灯具等各种设备的配置。如图 3-26 所示，英国伦敦泰特现代艺术展览馆内的书店平整式顶棚，高饱和的红色让空间充满了热情。

图 3-26　英国伦敦泰特现代艺术展览馆内书店的平整式顶棚

② 井格式顶棚。由纵横交错的主梁、次梁形成的矩形格，以及由井字梁楼盖形成的井字格等，都可以形成很好的图案。在这种井格式顶棚的中间或交点，布置灯具、石膏花饰或绘彩画，可以使顶棚的外观生动美观，甚至表现出

特定的气氛和主题。有些顶棚上的井格是由承重结构下面的吊顶形成的，这些井格的梁与板可以用木材制作，或雕或画，相当方便。

井格式顶棚的外观很像我国古建筑的藻井。这种顶棚常用彩画来装饰，彩画的色调和图案应以空间的总体要求为依据，与整体氛围相协调。如图3-27，德国柏林著名的 Fisssler at Koufhof 商场首层餐饮空间顶棚，满足建筑结构的同时，增强了空间美感。

图 3-27　德国柏林著名的 Fisssler at Koufhof 商场首层餐饮空间顶棚

③ 悬挂式顶棚。在承重结构下面悬挂各种折板、格栅、饰物，构成了悬挂式顶棚。采用这种顶棚往往是为了满足声学、照明等方面的特殊要求，或者为了追求某种特殊的装饰效果。在影剧院的观众厅中，悬浮式顶棚的主要功能在于形成角度不同的反射面，以取得良好的声学效果。在餐厅、茶室、商店等建筑中，也常常采用不同形式的悬浮顶棚。很多商店的灯具均以木制格栅或钢板网格栅作为顶棚的悬浮物，既是灯具的支承点，又成为内部空间的主要装饰。有些餐厅、茶座以竹子或木方为主要材料做成葡萄架，形象生动，气氛十分和谐。如图3-28，瑞士苏黎世某超市用餐区的悬挂式顶棚，圆形的灯箱在满足照明的同时，本身还成为空间不可或缺的一种美。

图 3-28　瑞士苏黎世某超市用餐区的悬挂式顶棚

④ 分层式顶棚。电影院、会议厅等空间的顶棚常常采用暗灯槽，以获得柔和均匀的光线，与空间氛围相协调。与这种照明方式相适应，顶棚可以做成几个高低不同的层次，即为"分层式顶棚"。分层式顶棚的特点是简洁大方，与灯具、通风口的结合更自然。在设计这种顶棚时，要特别注意不同层次间的高度差，以及每个层次的形状与空间的形状是否相协调的问题。如图 3-29，德国柏林百货商店内的分层式顶棚，简洁大方，与灯具、通风口的结合更自然。

⑤ 玻璃顶棚。现代大型公共建筑的大空间，如展厅、四季厅等，为了满足采光的要求，打破空间的封闭感，使环境更显开阔，除把垂直界面做得更加开敞、空透外，还常常把整个顶棚做成透明的玻璃顶棚。玻璃顶棚由于受到阳光直射，容易使室内产生眩光或大量辐射热，一般玻璃易碎又容易砸伤人，因此，可视实际情况采用钢化玻璃、有机玻璃、磨砂玻璃、夹钢丝玻璃等。

在现代建筑中，还常用金属板或钢板网做顶棚的面层。金属板主要有铝合金板、镀锌铁皮、彩色薄钢板等。钢板网可以根据设计需要涂刷各种颜色的油漆。这种顶棚的形状多样，可以得到丰富多彩的效果，而且容易体现时代感。此外，还有用镜面做顶棚，这种顶棚的最大特点是可以扩大空间感，形成闪烁的气氛。如图 3-30，日本大阪商业街的玻璃顶棚在扩大空间感的同时能满足采光的需求。

图 3-29　德国柏林百货商店内的分层式　　图 3-30　日本大阪商业街的玻璃顶棚
顶棚

2. 地面装饰设计

地面的视野开阔，功能区域划分明确，作为室内空间的平整基面，是室内环境设计的主要组成部分。因此，地面的设计在必须具备实用功能的前提下，又应给人一定的审美感受和空间感受。

（1）地面的材质对空间环境的影响。

不同的地面材质给人以不同的心理感受，木地板因自身色彩肌理特点给人以淳朴、幽雅、自然的视觉感受；石材给人沉稳、豪放、踏实的感觉；各种地毯作为表层装饰材料，也能在保护装饰地面的同时起到改善与美化环境的作用。

（2）地面装饰设计的要求。

① 必须保证坚固耐久和使用的可靠性。

② 应满足耐磨、耐腐蚀、防潮湿、防水、防滑甚至防静电等基本要求。

③ 应具备一定的隔音、吸声性能和弹性、保温性能。

④ 应满足视觉要素，使室内地面设计与整体空间融为一体，并为之增色。

（3）常见的地面拼花图案类型。

在地面造型上，运用拼花图案设计，可给人们传递某种信息，或起标识作用，或活跃室内气氛，增加生活情趣。如图3-31，德国柏林 Galeria Kaufhof 百货商店的走廊空间，其地面造型运用拼花图案设计，起到划分空间和活跃室内气氛的作用。

图3-31　德国柏林 Galeria Kaufhof 百货商店的走廊空间

3. 墙面装饰设计

墙面是室内外环境构成的重要部分，不论它用"加法"还是"减法"进行处理，都是陈设艺术及景观展现的背景和舞台，对控制空间序列、创造空间形象具有十分重要的作用。

（1）墙面装饰设计的作用。

① 保护墙体。墙体装饰能使墙体在室内湿度较高时不易受到破坏，从而延长使用寿命。

② 装饰空间。墙面装饰能使空间舒适、整洁、美观，能渲染气氛，增添文化气息。

③ 满足使用。墙面装饰具有隔热、保温和吸声作用，能满足人们的生理要求，保证人们在室内正常的工作、学习、生活和休息。

（2）墙面装饰设计的类型。

① 抹灰类装饰。室内墙面抹灰，可分为抹水泥砂浆、白灰水泥砂浆、罩纸筋灰、麻刀灰、石灰膏或石膏，以及拉毛灰、拉条灰、扫毛灰、洒毛灰和喷涂等几种。石膏罩面的优点是颜色洁白、光滑细腻，但工艺要求较高。拉毛灰、拉条灰、扫毛灰、洒毛灰和喷涂等具有较强的装饰性，统称为"装饰抹灰"。如图 3-32，抹灰类装饰能突出质朴、亲和的肌理墙面效果。

图 3-32 抹灰类装饰

② 贴面类装饰。室内墙面的贴面类装饰，可用天然石饰面板、人造石饰面板、饰面砖、镜面玻璃、金属饰面板、塑料饰面板、木材、竹条等材料。由于贴面使用的材料不同，其视觉效果也会有很大差异。如图 3-33，贴面类装饰，棕色的木纹贴面板与白色的墙体搭配，营造了简洁、自然的室内色调。

图 3-33　贴面类装饰

③ 涂刷类装饰。涂刷内墙面的材料有乳胶漆、可赛银、油漆和涂料等。如图 3-34，涂刷类装饰，亚光的白色涂料墙面与蓝色油漆的木门，营造出浓郁的地中海风格。

图 3-34　涂刷类装饰

④ 卷材类装饰。用于装饰的卷材，主要是指塑料墙纸、墙布、丝绒、锦缎、皮革和人造革等。如图3-35，卷材类装饰，用墙布做主视墙面、展台的饰面材料，强化了室内空间的艺术氛围。

图3-35　卷材类装饰

⑤ 原质类装饰。原质类是最简单、最朴素的装饰手段。它是保持墙体材料自身的质地，不再进行任何粉饰的做法。原质类装饰的材料主要有砖、石、混凝土等种类。如图3-36，原质类装饰，用原质砖作为田园餐厅的装饰材料装饰柱面，构成了粗狂与精致的质感对比，强化了视觉艺术效果。

图3-36　原质类装饰

⑥ 综合类装饰。墙体的装饰在实际使用中不可能分得这么明确，有时同一墙面可能会出现几种不同的做法，但是应注意，在同一空间内的墙体做法不宜过多、过杂，且应有一种主导方法，否则容易造成空间效果的无法统一。

4. 柱子装饰设计

柱子在许多建筑空间中的存在是不可避免的，要让它们与环境统一和谐，使它们符合环境的气氛，除按照上述方法进行构思设计外，还可与照明灯具、绿化景观相结合，这也是室内设计需关注的一个因素。柱子在大型公共场所中，很多时候会被货架及柜台包围，特征不易表现出来。但对于独立存在于空间的柱子，则可以对其进行装饰设计。根据不同的位置、不同的环境来运用不同的方式塑造适合环境的柱子，使柱子在该表现的地方充分表现，不该表现的地方则隐藏起来，以便达到空间所需要的设计意境。如图 3-37，在柱面上作装饰，强化了商业购物空间的时尚感和艺术性。

图 3-37　在柱面上作装饰

5. 景点装饰设计

景点设计作为室内空间特征最为活跃的环境因素，在满足人们的心理需求、协调人与环境的关系方面，具有积极作用。适宜的景点造型设计能使空间感到充实，给生活增添情趣。景点可以说是包罗万象，一束花、一幅画、一个壁炉，甚至一件精美的艺术品都可以构成一个景点。它的种类很多，基本上可以分为功能性与观赏性两大类。功能性的景点多以工艺品、纪念品以及一些特殊意义的物品为主。通过灯光的照射、展示柜的摆设，形成一个相对独立的区域。而观赏性的景点，可采用插花艺术或植物组合进行过渡、延伸、分割、柔化空间，又可用来丰富活跃室内气氛。在景点设计中，首先要对室内物理环境进行研究，将景点的设计特色与建筑风格紧密融合，并与室内设计的综合效果相适应，这样才能体现出文化层次，从而获得增光彩的艺术效果。要遵从简洁、明快、突出的原则，不宜过繁，否则会引起杂乱堆砌的感觉。景点设计在尺度上应与其他环境形态相适应，大面积的可以用来丰富靠近墙体的剩余空间，中等面积的可以放置在窗台、柜、桌上，小面积的往往出奇制胜地与吊挂或灯具等结合起来布局，如此才能使室内装饰效果锦上添花。如图 3 - 38 所示，德国德莱斯顿著名的酒吧餐厅，运用车厢、军服、老的工业产品来烘托餐厅的气氛。

图 3 - 38　德国德莱斯顿著名的酒吧餐厅

另外，在设计实践中，还要充分发挥设计者的个性，将景点设计建立在性格、学识、教养等各种因素上，通过景点形式反映人们不同的精神品质和心灵内涵，为人们在繁忙的现实生活中开辟一处养心之所。

6. 楼梯装饰设计

现代室内设计中，人们对个性化、艺术性提出了更高的要求。楼梯作为室内空间的点缀部分，不仅具有使用功能，还在室内设计中具有很强的装饰作用，因此，越来越受到当代设计师的重视。楼梯的设计要在工程质量、艺术含量、人体工程学等方面，最大限度地满足使用者的需求。一个成功的楼梯设计，可以为整个环境的装饰起到画龙点睛的作用。楼梯的设计形式可以多种多样，有单跑式、拐角式、田径式、旋转式等几种。在装饰方面，栏杆、栏板、扶手与它们的装饰造型和用料则是楼梯设计中很重要的部分。尤其是随着材料品种的增多，处理与表现手法也层出不穷，以下简单介绍几种楼梯的装饰形式。

（1）木质楼梯。木质楼梯的外形可以采用简洁设计，也可采用仿古、仿欧式设计。栏杆多为木材制作，通常采用竖式带有造型的栏杆。造型根据不同的设计风格而定，可在楼梯上加以雕刻也可用板材制作成不镂空的装饰栏板。扶手的造型有多种形式，主要以简洁大方的造型为主，在局部可以做一些精巧的装饰。木质楼梯给人稳重、古典、豪华的感觉。它多用于档次较高的室内装饰工程。如图 3-39，采用名贵木材制作的楼梯造型简洁高雅，局部装饰精巧，厚重的颜色让空间具有古典、奢华的感觉。

（2）钢质楼梯。多采用镜面不锈钢和亚光不锈钢制成。常用的材料还有铜、铝合金两种。栏杆材料与主体同为钢质，造型可以多变，但多采用简练的线条与块面为构成形式，也可以做成仿欧式的装饰花纹等造型。不同的栏杆造型会对整个楼梯风格有很大的影响。用亚光的不锈钢、铝合金制成的楼梯造价不是很高，因此适用于中档装饰工程。铜制的楼梯造价比前两者要高，但由于它的色彩呈黄色，给人一种辉煌的感觉，可以创造出很好的视觉效果，因此通常在中档偏高的装饰设计中采用。钢质楼梯给人以冷静可靠、简洁大方、坚固耐用的感觉，多适用于公共场所。如图 3-40，采用亚光不锈钢制作的楼梯，简洁大方。

图 3-39　采用名贵木材制作的楼梯　　　　图 3-40　采用亚光不锈钢制作的楼梯

（3）钢、木、塑料、玻璃等多种材料制作的楼梯：多采用钢制骨架，扶手和栏杆一般采用其他材料制作，适合在装饰风格较现代的环境中运用，给人以新颖、温柔、现代的感觉，属中档制作形式。还有一种是单纯钢木结合制作的楼梯，这种楼梯的运用也很广泛，给人简洁、现代的感受。如图 3-41，采用钢与玻璃材料制作的楼梯，几大块材料的运用，现代感十足。

（4）铁艺楼梯：铁艺设计在现代的楼梯栏杆制作中大有后来居上的势头，它制成的栏杆造型美观而典雅，是一种很好的表现形式。如图 3-42，铁艺楼梯设计，造型现代、简约。

在楼梯的设计中除了要考虑上述因素外，还应力求楼梯的设计风格、色彩运用与整个环境设计风格的和谐。只有功能与形式、造型相匹配的楼梯，才能与所处的环境合奏一首和谐的乐曲，使人陶醉其中。如图 3-43，采用现代化自动扶梯构成了商场的流动空间。

图 3-41 采用钢与玻璃材料制作的楼梯

图 3-42 铁艺楼梯设计

图 3-43　自动扶梯

（五）卖场空间界面给人的感受

卖场空间界面给人的感受源于空间界面自身的造型和界面所运用的材质两方面。在界面设计时要根据卖场空间的性质和环境气氛的要求，结合现有材料、设备及施工工艺等对空间界面进行处理。不仅可赋予卖场空间界面的特性，还有助于加强它的完整统一性。

（1）室内装饰材料的选用是界面设计中涉及设计成果的实质性环节，它最为直接地影响室内设计整体的实用性、经济性、环境气氛和美观效果。在材质的选用上应充分利用不同材质的不同空间感受，为实现设计构思创造坚实的基础。

① 图案：图案大小的基本原则是，运用大图案可使界面提前，空间缩小；小图案可使界面后退，空间感扩大。

② 材质纹理或线条走向：一般的材质纹理或线条的布局方向要有利于扩大空间感。层高低的空间墙面应尽量利用纵向线条，使空间感挺拔；开间狭窄的空间应利用一些平行于开间方向的线条来打破狭窄的感觉。

③ 材料的色彩、质地：冷色调可使空间有后退感，使空间感扩大，但冷色调也会给人以寒冷的感觉，冬天阴面房间应谨慎使用。质地光滑或坚硬的材料，应容易形成反射，而使空间感变大，相反粗糙质感的材料会使空间变小。

（2）卖场空间形态给人的感受。

不同的空间给人的感受各不相同，卖场空间的形态就是卖场空间的各界面所限定的范围，而空间感受则是所限定空间给人心理、生理上的反响。

① 矩形卖场空间：矩形卖场空间是一种最常见的空间形式，很容易与建筑结构形式协调，平面具有较强的单一方向性，立面无方向感，是一个较稳定空间，属于相对静态和良好的滞留空间。如图 3-44，英国利物浦时尚商场的走廊设计。

图 3-44　英国利物浦时尚商场的走廊设计

② 折线形卖场空间：平面为三角形、六边形及多边形的卖场空间。不同折线形状的空间所营造的效果不同，例如，平面为三角形的空间具有向外扩张之势，立面上的三角形具有上升感；平面上的六边形空间具有一定的向心感等。如图 3-45，瑞士洛桑商场的走廊设计，折角的动线给人一种向心感。

③ 圆拱形空间：圆拱形空间常设计为两种形态。一种是矩形平面拱形顶，水平方向性较强，剖面的拱形顶具有向心流动性；另一种是平面为圆形，顶面也为圆弧形，有稳定的向心性，给人收缩、安全、集中的感觉。如图 3-46 所示，日本六本木商业中心卖场的圆形空间设计，给人安全、集中的感觉。

图 3-45　瑞士洛桑商场的走廊设计

图 3-46　日本六本木商业中心卖场的圆形空间设计

④ 自由形空间：平面、立面、剖面形式多变而不稳定，自由而复杂，有一定的特殊性和艺术感染力，多用于特殊娱乐空间或艺术性较强的空间。如图3-47，德国慕尼黑宝马博物馆的自由形空间，充满了流动性和生动感。

图3-47 德国慕尼黑宝马博物馆的自由形空间设计

四、空间构图与空间序列

（一）构图要素

1. 点

（1）点的属性。

从理论上讲，点的轨迹构成线，线的密集形成面。以点为基础的几何造型，因其丰富的联想、巧妙的构思、强烈的视觉效果而受到人们喜爱。将其运用于商业购物空间和商场界面，已成为一个重要的装饰手段。

让我们来看两个有关点的现象：首先，点的大小与形状可以改变。以人的肉眼来看，点可以说是最小的元素形式。其次，点可以扩展，变成一个面。稍不留意，它就充满了（整个相对界定的）背景面。所以我们要考虑到点与背景的关系，即我们所说的"点"的大小比例；它的大小比例与空间环境中其他物体的关系。同时，点是以多种形态存在的，同样的点，不同的组合及形态，能给人以不同的视觉和心理感受。

（2）点在商业购物空间环境中的运用。

空间环境中处处可见"点"的存在。一方面，家具和实物体都可成为一个

"点"，如一部电话、一瓶香水或者一点灯光都是"点"；另一方面，在界面中，点得到比其他艺术形式更多的重合结果——它既是空间转角的角点，又是这些面的起点。作为设计者，在划分界面时，同样可以从内在的和外在的两个方面来考虑。外在而言，每一个点都是一个元素；对于内在，则不是点的本身，而活跃于其中的内在张力才是元素。

再看空间转角的角点。室内的角点稳定地、科学地静止在那里，形成均衡、稳定的可视空间。它既确定距离，也决定造型，并且完成空间与空间的衔接。

灯光的投影产生出了动态的点，同时，点的伸展所产生的线，较之单一的线条更加丰富而有变化。这时点的特征有所降低，而被点连成的线则产生了富于装饰性的韵律，界面装饰形成的节奏被调节出来。而当点按大小依次排列扩张开时，面出现了。这个特别的装饰层面，既丰富了表现手法，又恰到好处地增加了空间层次，烘托出浓郁、活泼的气氛。如图 3 - 48，瑞士苏黎世的时尚百货大楼设计，若干个装置构成一个个点，同时也成为视觉重点。

图 3 - 48　瑞士苏黎世时尚百货大楼的设计

2. 线条

线是点在移动中留下的轨迹。点与线，有从静到动的一步。所以，它可以称为设计的第二元素。线不仅有长短，而且有粗细。因此线也同时具有"面"的属性。所以，对它的判断，可依据形象的长与宽的超特差异。空间的方向性和长度是构成线的主要特征。我们看到和感受到的线具有各种形态；长线、短线、粗线、细线、直线（包括水平线、垂直线、斜线）、曲线（几何曲线、自由曲线）等。它们以不同的建筑材料表现出来，给人不同的感受，富有很强的心理效果和丰富的表现力。正像点一样，线也存在于视觉艺术以外的其他艺术中。例如，音乐里不同乐器的音高就相当于不同粗细的线：小提琴产生一种非常细的线，大提琴和单簧管是一种粗略的线；低音乐器弹奏出更粗的线。音乐里，线提供了表现共鸣的最大仓库，而在设计中，线条确实以独特的方式发挥着作用。如图3-49，德国柏林某商场内的展柜设计，双立人刀具的展示以竖条的形式设计，具有一定的韵律。

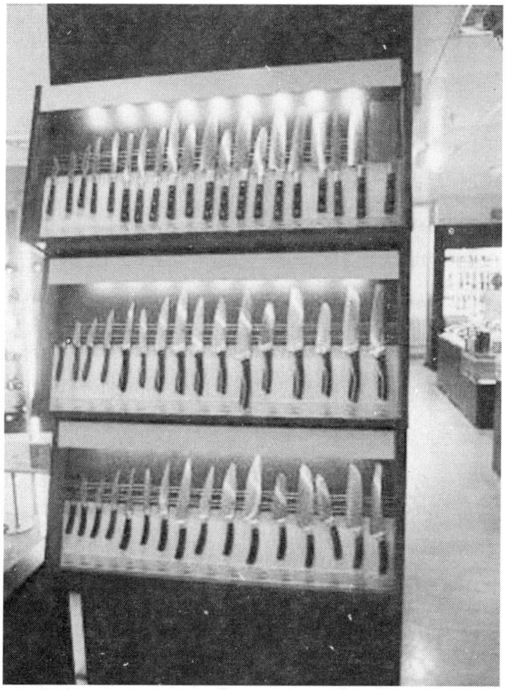

图3-49 德国柏林某商场内的展柜店面设计

3. 面

设计中的点、线、面总是共同存在、相辅相成的。音乐的强弱、缓急，让我们看到一幅点的密集与疏朗，这就形成节奏。这些节奏延伸下去，就可感到延伸游动的律线；多种乐器的合奏，会出现层次分明的、向四周扩散的场面，引起我们的共鸣，这就是艺术包含的共同性。点、线、面在音乐中通过听觉表现，在设计中则从视觉感知中获得，商场室内界面的设计尤其如此。

我们所说的面，既包括适于室内的物质平面，也包括各种动态的界面。面和点、线一样，具有多种形态的属性，主要包括：

（1）几何性的面，即由数学方式构成的面。

（2）有机性的面，即由自由曲线构成的面。

（3）直线性的面，即由直线随意构成的面。

（4）偶然性的面，即偶然获得的面。

（5）不规划性的面，即由自由曲线及直线随意构成的面。

室内出现较多的是由两条水平线和两条垂直线所构成的方形面，由此框定了一个个相对独立却又多方连续的实体。这种元素提供了构成空间的可能性。在这样的界面上，每一个物体或装饰物必然停留在一种与背景相对固定的关系中，或左或右，或上或下，这就需要我们设计布置出最佳位置，将外在的视觉效果和内在的风格"培育"出来。

在面当中，还有一种圆形，它没有任何角状的突然转折，给人以静止完美的感觉。这一类曲线性的面，具有柔软、自由、明快的性格，整齐而富有秩序性。面的大小、虚实不同，给人不同的视觉感受。面积大的面，给人视觉以扩张感；面积小的面，给人的视觉以内聚感；实的面给人以量感和力度感，称为定形的面，或静态的面；虚的面，如由点或线密集构成的面，给人以轻而无量的感觉，称为不定型的面，或动态的面。任何形态的面，都以通过分割或面与面的相接、联合等方法，构成新的形态的面，呈现不同的风格。必须强调，点、线、面的空间形态不是绝对的，它们是通过比较而形成的，是相对的。如图3-50所示，日本东京美术展览馆内的咖啡厅，各种不同大小面的运用，让整个空间充满了艺术性。

图3-50　日本东京美术展览馆内的咖啡厅

在卖场空间中，不同的材料、不同的配置，会形成不同的风格和特征。协调和统一的处理，是任何一种风格都应遵循的。一盏灯、一个门框，它们既有外在呈现的外形，也是设计师手中体现内在风格的可支配和使用的元素。抽象的点、线、面及所形成的体，造型虽然具有明显的形式感，但无论哪一类方法的处理都有一个创新的过程。不同的点、不同的线、不同的面、不同的体及其相互关系可以产生个性差异的不同变化，形成各种不同的界面和空间。

（1）表现结构的面：结构外露部分形成的面。具有现代感和几何形体的美，形成吸引视线的绝对优势。如建筑的木结构顶棚或采光顶棚，及一些暴露的设施排列，其本身就体现出材质及韵律美，自然大方，体现科技。

（2）表现材质的面：各种不同的材质，体现不同的设计风格。如表现柔软质感的织物装饰、粗犷自然不加修饰的混凝土墙面、充满乡土气息的石头墙面等。

（3）表现光影的面：光影既可依附于界面，也可独立存在于空间。它既可是点状发光体的并列、连接，也可以是线状发光体的延续或通过内部技术手段使界面自身发光。顶棚的装修非常简单，但光影造成的界面形成丰富动人的装饰效果。

（4）表现层次变化的面：顶棚的高低层次，既有限定作用，也可以自然地降低或提升局部空间，增强领域感。墙面的层次，既丰富设计语言又可以从视觉上改变方向，形成空间与空间的延伸。地面和吊顶在表现层次感的同时，使视觉得以向内过渡，丰富了空间。

（5）面与面的过渡：顶棚与墙面、墙面与地面，在装修过程中用同一种材料过渡，使两个面自然衔接，形成统一与延伸，具有简洁或华丽的现代感。

（6）运用图案的面：不同材料的图案化处理是烘托气氛的良好方法。如壁画，绚丽多彩或沉稳宁静，既增加环境的柔和感，也给人以质感的享受；而图案生动的地毯，也可以成为室内装饰的重点；顶棚也可通过材料图案化的并置，呈现不同的形式美感。娱乐场所里出现的整块台面的图案性制作，更加突出娱乐性，成为室内吸引视线的一道风景。

（7）表现动感的面：动态的结构（如旋转楼梯）、光影的处理及特殊材质的运用，都可形成动感的面。

（8）表现倾斜的面：凹入的墙体、弧形的空间、倾斜的吊顶、灵活的悬挂体以及刻意修饰的斜面隔断，既利用了空间，又丰富了空间，同时也打破了我们常见方形空间的呆板，使室内显得动感十足。

（9）趣味性的面：娱乐空间、儿童居室、美容厅里常采用的手法。如生动的卡通造型使儿童精品店的性质跃然眼前。

（10）开各种洞的面：这种界面处理可以形成限定度和私密性小的开敞空间，易于与外部环境交流、渗透，与周围空间相融合。也可以小面积开洞作为装饰，如墙面和隔断的开洞能丰富层次，展示现代造型。地面也可开洞，作图案灯箱设置，极富装饰性。

（11）仿自然形态的面：凭借材质，接近自然，在装修中，各种石质、木质材料及织物都可达到仿真的目的。作为调节身心的绿色环境，是现代室内装饰的一个趋势。

（12）主题性的面：运用图片或具象的图形衬托空间性质。如绘有与音乐相关的壁画的酒吧，一目了然的表达了主题。

（13）导向性的面：灯光的延续、空间的层次延伸，都带有导向性。

（14）绿化植被的面：在阳光充沛的空间里植物的出现别具一格而且充满生气。墙体可攀沿，隔断可垂挂，这样的绿色界面意境清幽，赏心悦目。

（15）运用虚幻手法的面：不同装饰材料的镶嵌与穿插（如镜面与墙面其他材质），虚虚实实让人对真实产生怀疑，利用视觉完形性形成不能即刻确定的虚幻空间。

这样看来，运用、控制好界面的形式和风格，是把握整体购物空间的重要环节，也是形成空间内部的决定因素。比如引进瀑布甚至阳光的自然界面可形成动态的空间；透明度大的隔断可以使小范围与周围环境形成流动空间；不到顶的隔断又可形成多个小空间；表现层次的界面则可形成下沉空间或地面空间等。界面是物质的，装饰材料也是物质的，空间的形式既靠界面的形式也与界面表现的肌理（平滑的或粗糙的，抛光的或无光泽的等）相关。

（二）构图的基本法则

1. 协调、统一

室内设计中的协调、统一是构图的基本法则之一，要把所有的设计要素和原则结合在一起，运用技术和艺术的手段去创造空间的协调和统一，各种设计要素和原则必须综合为一个有机的整体，二个要素又在各自所处的条件下为设计的主题和气氛起到相应的作用。在卖场空间中过分地强调协调和统一容易导致空间气氛单调、沉闷。一个好的设计应该既不单调又不混乱；既有起伏变化，又有协调统一。如图 3-51，德国柏林的某店面设计，采用统一、协调的手法，看起来又不呆板。

图 3-51　德国柏林的某一店面设计

2. 比例、尺度

　　比例就是研究物体本身三个方向量度间的关系。任何不完善的艺术都有比例问题，只有比例和谐的物体才会引起人们的美感，如卖场空间长、宽、高就是一个比例问题。功能、材料、结构及在长期历史发展过程中形成的习惯，也会影响到比例关系。

　　尺度是研究整体和局部、人们感觉上的大小和真实大小之间的关系。它和比例是相互联系的，凡是和人有关系的物体都有尺度问题，例如建筑空间、日用品、家具等。为了方便实用，都必须和人体保持相应的大小和尺寸关系。对于小体量的物体可以和人体直接进行比较或根据生活经验作出正确的判断。而卖场空间因为体量较大，人们难以用自身的大小去做比较，从而失去了敏锐的判断力，对此，建筑设计中通常采用习惯不变的尺寸作为比较、衡量尺度的标准，如踏步、栏杆、座椅等习惯高度作为量度的标尺。如图

105

3-52所示，瑞士苏黎世某商场中庭的模特台，采用合理比例的模特展架，与人的尺度关系形成视觉冲击，突出了商品的展示效果。

图 3-52　瑞士苏黎世某商场中庭的模特台

3. 均衡、稳定

均衡主要是指空间构图中各要素之间相对的轻重关系。稳定则是指空间整体上下之间的轻重关系。

空间的均衡是指空间前后左右各部分的关系，应给人安定、平衡和完整的感觉。均衡最容易用对称的布置来取得，但也有不对称的均衡。对称的均衡体现了严肃庄重，能获得明显的、完整的统一性。不对称的均衡容易取得轻快活泼的效果。室内设计中的均衡一方面是指整个空间的构图效果，它和物体的大小、形状、质地、色彩有关；另一方面是指室内四个墙面上的视觉平衡，墙面构图集中在一侧，墙面不均衡，经过适当地调整后可使墙面构图达到均衡。

空间各种物体的重感是由其大小、形状、色彩、质地所决定。大小相同的两物体，深色的物体比浅色的物体感觉上要重一些，表面粗糙的物体比表面光滑的物体显得重一些，装饰的墙面比光秃秃的墙面感到有分量。如图 3-53，服装展示采用均衡的设计手法，得到了稳定心理的视觉效果。

图 3-53　服装展示台

4. 节奏、韵律

自然界中许多现象由于有规律的重复出现或有秩序的变化而激发了人们的韵律感。人们有意识地加以模仿和运用，从而创造出各种具有条理性、重复性和连续性的美的形式，这就是韵律美。节奏就是有规律的重复，各要素之间具有单纯的、明确的、秩序井然的关系，使人产生匀速有规律的动感。韵律是节奏形式的深化，是情调在节奏中的运用。节奏富有理性、韵律富有感性。

（1）连续：连续的线条有流动的感觉，具有明显的条理性。可通过室内色彩、形状、图案或空间的连续和重复而产生连续的韵律美。如图 3-54，采用连续的展柜和色彩鲜艳的图书陈列的设计方式，使狭长的室内形成了变幻丰富的个性化空间。

（2）渐变：指室内的线条、形状、明暗、色彩等按照一定规律的变化。如线条的加长或缩短、变窄或变宽、变密或变疏等。渐变的韵律要比连续的韵律更为生动，更富有吸引力。如图 3-55，德国柏林某商场内食品专柜按照色阶渐变的方式陈列商品，富有韵律感。

图 3-54　德国柏林商场图书展架

图 3-55　德国柏林某商场内食品专柜

（3）交错：各种组成要素按一定规律交织穿插而成，一隐一现、一黑一白、一冷一暖、一大一小、一长一短等交错重复有规律地出现，产生自然生动的交错韵律美。如图3-56，商场专柜的主视墙面采用点、线交错的装饰橱窗形式，吸引了顾客的注意力。

图3-56　香港铜锣湾某商场专柜的主视墙面设计

（三）卖场空间序列

人的每项活动都是在时空中体现一系列的过程，这种活动过程都有一定规律性或行为模式，例如看电影先要了解电影广告，继而去买票，然后在电影开演前略加休息或作其他准备活动，看完后人员疏散。因此商业购物空间设计一般也应该按照这样的序列来进行。空间序列是指空间环境的先后活动的顺序关系，是设计师按照商业功能给予合理组织的空间组合。

空间基本上是一个物体与感受它的人之间产生的一种相互关系。空间以人为中心，人在空间中处于运动状态，并在运动中感受、体验空间的存在，空间序列设计就是处理空间的动态关系。

空间的连续性和时间性是空间序列的必要条件，人在空间内活动感受到的精神状态是空间序列考虑的基本因素，空间的艺术章法则是空间序列设计主要研究的对象，也是对空间序列全过程构思的结果。

1. 序列全过程

（1）起始阶段：该阶段是序列的开始，它预示着将要展开的内容，应具有足够的吸引力和个性。

（2）过渡阶段：它是起始后的承接阶段，又是高潮阶段的前奏，在序列中起到承上启下的作用，是序列中的关键一环。它对最终高潮的出现具有引导、启示、酝酿、期待及引人入胜等作用。

（3）高潮阶段：高潮阶段是全序列的中心，是序列的精华和目的所在，也是序列艺术的最高体现。在设计时应考虑期待后的心理满足和激发情绪推达高峰。

（4）终结阶段：由高潮恢复平静，是终结阶段的主要任务。良好的结束有利于对高潮的追思和联想。

2. 商业购物空间对序列的要求

不同性质的建筑有不同的空间序列布局，商业购物空间的序列艺术手法自有其序列设计的一般章法。但是，在丰富多彩的商业购物空间活动内容中，空间序列设计不会按照一个模式进行，有时需要突破常规，在掌握空间序列设计的普遍性外，需注意不同情况的特殊性。一般来说，影响空间序列的关键在于以下方面。

（1）商品序列长短的选择：序列的长短反映高潮出现的快慢以及为高潮准备阶段而对空间层次的考虑。由于高潮一出现，就意味着序列全过程即将结束。因此对高潮的出现不可轻易处置，高潮出现愈晚，层次必须愈多，通过时空效应对人心理的影响必然更加深刻。因此长序列的设计往往用于强调高潮的重要性、宏伟性与高贵性。因此序列可根据要求适当拉长。但有些建筑类型采用拉长序列的设计手法并不合适，如讲效率、速度、节约时间为前提的超市、快餐店等，其室内布置应一目了然，层次愈少愈好，时间愈短愈好，减少消费者由于地点难找或迂回曲折的出入口而造成的心理紧张。而有充裕时间观赏游览的商场空间，为迎合游客尽兴而归的心理愿望可将空间序列尽量拉长。

（2）商品序列布局类型的选择：采用何种布局决定于建筑的性质、规模、环境等因素。一般序列格局可分为对称式和不对称式、规则式和自由式。空间序列线路分为直线式、曲线式、迂回式、盘旋式、立交式、循环式等。

商品的陈列要注意研究消费者的购买心理，美化店容和店貌，以扩大商品的销售。消费者进入商店，购买到称心如意的商品，一般要经过感知——兴趣——注意——联想——欲求——比较——决定——购买这个心理过程。针对消费者的这种购买心理过程，在商品陈列方面，必须做到易为消费者感知，要最大限度地吸引消费者，引起消费者的注意，从而刺激消费者的购买欲望，使其做出购买决定，形成购买行为。因此，商品的陈列方式，陈列样品的造型设计、陈列的设备、陈列商品的花色等方面，都要与消费者的这种购买心理相适应。

在商品的陈列方式上，尽可能地采用"裸露陈列"，使消费者能直接接触商品、选择商品。在陈列样品的造型设计方面，要讲求艺术美观、色彩协调，使消费者对陈列的商品产生兴趣，刺激消费者的购买欲望。在陈列的设备方面，要注意能使陈列的商品醒目、突出，能对消费者产生巨大的吸引力。在陈列商品的花色之间，要协调搭配，相互烘托，增加商品的色彩，保持和谐醒目，暗示消费者去使用陈列的商品。

（3）高潮的选择：在商场空间中具有代表性的、反映商场性质特征的、集中一切精华所在的主体空间就是商场空间序列的高潮所在。高潮应是反映该商场的性质特征及一切精华所在的主体空间，应是建筑的中心和参观来访者所向往的最后目的地。根据商场的性质和规模的不同，考虑高潮出现的位置和次数也不同，多功能、综合性、规模较大的建筑具有形成多中心、多高潮的可能性。即使如此，整个序列似高潮起伏的波浪一样，也应从中找到最高的波峰。

3. 空间序列的设计手法

空间序列的不同阶段和写文章一样，有起、承、转、合；和乐曲一样，有主题，有起伏，有高潮，有结束；也和剧作一样，有主角和配角，有矛盾双方的对立面，也有中间人物。通过建筑空间的连续性和整体性给人以强烈的印象、深刻的记忆和美的享受。但是良好的序列章法还是要通过每个局部空间的装修、色彩、陈设、照明等一系列艺术手段的创造来实现的。因此，空间序列的设计手法非常重要。

（1）空间的导向性：指导人们行动方向的空间处理称为空间的导向性。采用导向的手法是空间序列设计的基本手法，它以空间处理手法引导人们行动的方向，使人们进入该空间，就会随着空间布置而行动。良好的交通路线设计不需要指路标和文字说明牌，而是用空间所特有的语言传递信息，与人对话。常见的导向设计手法是采用统一或类似的视觉元素进行导向，相同元素的重复产生节奏，同时具有导向性。设计时可运用形式美学中各种韵律构图和具有方向性的形象作为空间导向性的手法，如连续的货架、列柱、装修中的方向性构成、地面材质的变化等强化导向。通过这些手法暗示或引导人们行动的方向和注意力。因此，卖场空间的各种韵律构图和象征方向的形象性构图就成为空间导向性的主要手法。如图3-57，英国伦敦耐克旗舰店内的楼梯设计，既起到装饰效果，也起到了空间导向的作用。

（2）视觉中心：在一定范围内集中人们注意的目的物就成为视觉中心。导向性只是将人们引向高潮的引子，最终的目的是导向视觉中心，使人领会到设计的本意。空间的导向性有时也只能在有限的条件下设置，因此在整个序列设计过程中，还必须依靠在关键部位设置引起人们强烈注意的物体，以吸引人们的视线，勾起人们向往的欲望。如中国园林通过廊、桥、矮墙为导向，利用虚实对比、隔景、借景等手法，以寥寥数石、一池浅水、几株芭蕉构成一景，虚中有实；或通过空间、家具、屏风、亭台楼榭等将空间处理成先抑后扬，先暗后明，先大后小，千回百转的效果。而视觉中心是指一定范围内引起人们注意的目的物，可被视为在这个范围内空间序列的高潮。如图3-58，香港海港城的女鞋专卖店，在室内中央搭建的商品展示台，既形象地展示了商品独特的文化，又吸引了顾客的目光。

图3-57　英国伦敦耐克旗舰店内的楼梯设计

图3-58　香港海港城的女鞋专卖店商品展示台设计

第二节　商业购物空间的色彩设计理念

一、色彩的形象性

（一）色彩的心理作用

作为装饰手段，墙面色彩因能改变购物空间的外观与格调而备受重视。色彩不占用商场空间，不受空间结构的限制，运用方便灵活，最能体现卖场的个性风格。

1. 色彩与心理

每种颜色都具有特殊的心理作用，能影响人的温度知觉、空间知觉甚至情绪。色彩的冷暖感起源于人们对自然界某些事物的联想。例如，红、橙、黄等暖色会使人联想到火焰、太阳，从而有温暖的感觉；白、蓝和绿等冷色会使人联想到冰雪、海洋和林荫，从而感到清凉。如图 3-59 和图 3-60，粉红色调的橱窗首饰展示，温馨浪漫；浅蓝色调的橱窗展示，冰清玉洁。

 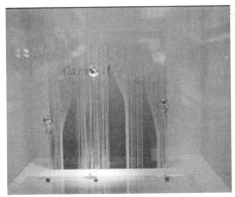

图 3-59　粉红色调的橱窗　　　　　图 3-60　浅蓝色调的橱窗

2. 色彩与空间感

基于色彩的彩度、明度不同，还能造成不同的空间感，可产生前进、后退、凸出、凹进的效果。明度高的暖色有突出、前进的感觉，明度低的冷色有凹进、远离的感觉。色彩的空间感在商店卖场布置中的作用是显而易见的。在空间狭小的卖场里，用可产生后退感的颜色，使墙面显得遥远，可赋予购物空间开阔的感觉。如图 3-61 和图 3-62，冷色调的室内空间效果，使空间显得更大；暖色调的室内空间效果，给人亲近感和温馨感。

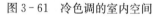

图 3-61　冷色调的室内空间　　　　　　图 3-62　暖色调的室内空间

3. 色彩与人的情绪

色彩的明度和纯度会影响到人们的情绪。明亮的暖色给人活泼感，深暗色给人忧郁感。白色和其他纯色组合时会使人感到愉悦，而黑色则是忧郁的色彩。这种心理效应可以被有效地运用。例如，自然光不足的卖场，使用明亮的颜色，使商店卖场笼罩在一片亮丽的氛围中，会使人感到愉快。

4. 墙壁用色

墙面的色彩构成了整个卖场色彩的基调，商品、照明、饰物等色彩分布都受到它的制约。墙面色彩的确定首先要考虑购物空间的朝向。南向和东向的卖场，光照充足，墙面宜采用淡雅的浅蓝、浅绿等冷色调；北向或光照不足的卖场，墙面应以暖色调为主，如奶黄、浅橙、浅咖啡等色，不宜用过深的颜色。墙面的色彩选择要与商品的色彩、室外的环境相协调。墙面的色彩对于商品起烘托作用，墙面色彩如过于浓郁凝重，则起不到背景作用，所以宜用浅色调，不宜用过深的色彩。如果室外是绿色地带，绿色光影散射进入购物空间，用浅紫、浅黄、浅粉等暖色装饰的墙面则会营造出一种宛如户外阳光明媚般的氛围；若室外是大片红砖或其他红色反射，墙面以浅黄、浅棕等色为装饰，可给人一种流畅的感觉。

5. 色彩心理学对购物空间的影响

（1）红、黄、橙色等暖色系能使人心情舒畅，产生兴奋感；而青、灰、绿色等冷色系列则使人感到清静，甚至有点忧郁。白、黑色是视觉的两个极点，研究证实：黑色会分散人的注意力，使人产生郁闷、乏味的感觉。长期生活在黑色的环境中人的瞳孔极度放大，感觉麻木，久而久之，会对人的健康、寿命产生不利的影响。把卖场都布置成白色，有素洁感，但白色的对比度太强，易刺激瞳孔收缩，诱发头痛等病症。

（2）正确地应用色彩美学，有助于改善购物条件。宽敞的购物空间采用暖色系装修，可以避免卖场给人以空旷感；卖场小的空间可以采用冷色装修，在视觉上让人感觉大一些。人少而感到寂寞的购物空间，配色宜选暖色系，人多而喧闹的购物空间宜用冷色系。在严寒的北方气候寒冷干燥，购物空间墙壁、地板、商品、窗帘选用暖色系装饰会给人以温暖的感觉，反之，南方气候炎热潮湿，采用青、绿、蓝色等冷色系装饰购物空间，感觉会比较凉爽些。如图3-63，德国法兰克福百货大楼的店面设计，暖色的装饰让人产生兴奋感。

图 3-63　德国法兰克福百货大楼的店面色彩设计

（二）色彩与视觉

1. 决定颜色感觉的三种因素

（1）物体表面将照射光线反射到主体的性质，这种性质决定于物体表面的化学结构与组成、表面物理与表面几何特性。

（2）照明光源的性质，即光源的波长构成特性——光能在相关视觉波段范围内的能量分布，从光源的色品质量而言，也就是它的色温。

（3）眼睛的感色能力，主要决定于视网膜上的视神经系统的光线感受能力和处理与传送光刺激的能力。

2. 色彩视觉的三要素

（1）色相。

色相是色彩的一种最基本的感觉属性，这种属性可以使我们将光谱上的不同部分区别开来，即按红、橙、黄、绿、青、蓝、紫等色彩区分色谱段。缺失了这种视觉属性便无所谓色彩了，就像全色盲人的世界。根据有无色相属性，可以将外界引起的色感觉分成两大体系：有彩色系与非彩色系。

① 有彩色系，即具有色相同性的色觉。有彩色系才具有色相、饱和度和明度三个量度。

② 非彩色系，即不具备色相属性的色觉。非彩色系只有明度一种量度，其饱和度等于零。

（2）饱和度。

饱和度是使人们对有色相属性的视觉在色彩鲜艳程度上做出评判的视觉属性。有彩色系的色彩，其鲜艳程度与饱和度成正比。根据人们使用色素物质的经验，色素浓度愈高，颜色愈浓艳，饱和度也愈高。描述饱和度感觉的程度词是浓、淡，深、浅。非彩色系是饱和度等于零的状态，正如同我们在彩色显示器上将色彩逐渐调淡，到最后便成了黑白画面一样。生理学研究表明，人的眼睛对色彩饱和度的感觉并不一样。眼睛对红色的光刺激强烈，对绿色的光刺激最弱，饱和度低。中国曾经一度大街小巷跑的红色出租车，从视觉科学来讲，其实是一种视觉污染。没有人喜欢长时间盯着红色的出租车，过多的红色会引起烦躁不安的情绪。

（3）明度。

明度是可以使我们区分出明暗层次的非彩色觉的视觉属性。这种明暗层次决定于亮度的强弱，即光刺激能量水平的高低。请注意不要对这一定义产生误解，即并非有彩色系便没有明度属性，只是强调明度这一视觉属性是排开色相属性，只涉及明暗层次的感觉，就像用黑白全色胶卷拍照片，只记录明暗层次而不记录色相那样。根据明度感觉的强弱，从最明亮到最暗可以分成三段水平：白——高明度端的非彩色觉；黑——低明度端的非彩色觉；灰——介于白与黑之间的中间层次明度感觉。绘画中的素描和不着色的雕塑就是利用这种明度层次来表现艺术主题的。

科学研究发现，人们眼睛的明暗层次感随光线变暗而急剧变得迟钝起来。当光线弱时，人的眼睛不太能分得清明暗层次。同样在强光下，眼睛对明暗层次也会变得迟钝。研究也发现，人的眼睛在555nm的黄绿色段上视觉最敏感。因此，从打动知觉能力的强弱角度看，略带黄绿色的光线最醒目。人们还发现，人的眼睛的光谱敏感度也与亮度水平有关。在低亮度水平下，这条光谱敏感度曲线将会向短波方向平移，使人眼对短波系列的色彩变得相对地更为敏感起来。这使得拂晓之前和日暮之后，室外景色变得幽蓝，蓝紫色的花草或物体变得醒目。夜色总是一派乌蓝的景象便是这个道理。这为我们设计户外广告提供了科学的参考依据。可以根据各个地方的日照特点和不同的环境，设计选择醒目的色彩基调，同时根据广告的面积和高度选择合适的光照强度。

（三）视觉适应效果

视觉适应主要包括距离适应、明暗适应和色彩适应三个方面。

（1）距离适应：人的眼睛能够识别一定区域内的形体与色彩。这主要是基于视觉生理机制具有调整远近距离的适应功能。眼睛构造中的水晶体相当于照相机中的透镜，可以起到调节焦距的作用。由于水晶体能够自动改变厚度，才能使映像准确地投射到视网膜上。这样，人可以借水晶体形状的改变来调节焦距，从而可以观察远处和近处的物体。

（2）明暗适应：这是日常生活中常有的视觉状态。例如，从黑暗的屋子突然来到阳光下，人的眼前会充满白花花的感觉，稍后才能适应周围的景物，这一由暗到明的视觉过程称为"明适应"。如果暗房亮着的灯光突然熄灭，眼前会呈现黑黝黝的一片，过一段时间视觉才能够调整得适应这种暗环境，并随之逐渐看清空间物体和轮廓，这是视觉的"暗适应"。视觉的明暗适应能力在时间上是有较大差别的。通常，暗适应的过程约为5～10min，而明适应仅需0.2s。人眼这种独特的视觉功能，主要通过虹膜对瞳孔大小的控制来调节进入眼球的光量，以适应外部明暗的变化，照相机的光圈便是依据这一原理。光线弱时，瞳孔扩大；而光线强时，瞳孔则缩小。因而在任何光亮度下，人们都能较容易地分形辨色。

（3）颜色适应：这里有个有趣的故事。众所周知，法国国旗为红白蓝三色，当时在设计时，该旗帜的最初色彩搭配方案为完全符合物理真实的三条等距的色带，可是这种色彩构成的效果，总使人感到三色间的比例不够统一，即白色显宽，红色居中，蓝色显窄。后来在色彩专家的建议下，把面积比例调整为红：白：蓝＝33：30：37。经此修改，法国国旗才显示出符合视觉生理等距离感的特殊色彩效果，并给人以庄重神圣的感受。这说明光的颜色会使人的眼睛产生形状大小的错觉。

受色光影响而发生视错的现象还有著名的柏金赫现象。据国外科研机构测定，红色在 680nm 波长时，其在白色光照中的明度要比蓝色为 480nm 波长时的明度高出近 10 倍。而在夜晚，蓝色明度则要比红色的明度强出近 16 倍。对视觉来说，白天，光谱上波长长的红光其色感显得鲜艳明亮，而波长短的蓝光则显得相对平淡逊色。但到了夜晚，当光谱上波长短的蓝光色感显得迷人惹眼时，而波长长的红光色感则显得惨淡虚弱。换句话说，随着光亮条件的变化，人眼的适应状态也在不断调整，对光谱色的视感也与之同步转换。由于这一现象是 1852 年捷克医学专家柏金赫在迥异光亮条件下的书屋观察相同一幅油画作品时，偶然发现并率先提出的，故此而得名。研究柏金赫视错的现实意义，就是引导色彩应用者在艺术设计活动中，要注意扬长避短地组合好特定光亮氛围中的色彩搭配关系，从而尽量避免尴尬色彩现象的出现。如在创作一幅用于悬挂在较暗购物空间环境中的磨漆画时，在色彩构成方面就不宜配置弱光中反射效果极差的红、橙等暖润色，否则不仅起不到任何装饰效用，反而会使墙面显得更加沉闷。但是如果画面选用少许光亮便能熠熠生辉的蓝、绿等冷调色搭配，就会使整个作品充满美丽诱人的意趣。这对于幽静的环境而言，无疑是一种恰到好处地烘托与渲染。如图 3 - 64，德国慕尼黑宝马博物馆店面设计，暖色的装饰，充满了热情；蓝色的装饰照明让人产生兴奋感，起到恰到好处的烘托与渲染作用。

图 3 - 64　德国慕尼黑宝马博物馆的店面设计

（四）心理性视错

色彩视觉因主要受心理因素——知觉活动的影响，而产生的一种错误的色彩感应现象，称为"心理性机带或视差"。连续对比与同时对比都属于心理性视错的范畴。

1. 对比

（1）连续对比。

连续对比指人眼在不同时间段内所观察与感受到的色彩对比视错现象。从生理学角度讲，物体对视觉的刺激作用突然停止后，人的视觉感应并非立刻全部消失，而是该物的映像仍然暂时存留，这种现象也称作"视觉残像"。视觉残像又分为正残像和负残像两类。视觉残像形成的原因是眼睛连续注视的结果，是因为神经兴奋所留下的痕迹而引发。

所谓正残像，又称"正后像"，是连续对比中的一种色觉现象。它是指在停止物体的视觉刺激后，视觉仍然暂时保留原有物色映像的状态，也是神经兴奋有余的产物。如凝注红色，当将其移开后，眼前还会感到有红色浮现。通常，残像暂留时间在 0.1s 左右。大家喜爱的影视艺术就是依据这一视觉生理特性而创作完成的。将画面按每秒 24 帧连续放映，眼睛就观察到与日常生活相同的视觉体验，即电影或电视节目。

所谓负残像，又称"负后像"，是连续对比的又一种色觉现象。它是指在停止物体的视觉刺激后，视觉依旧暂时保留与原有物色成补色映像的视觉状态。通常，负残像的反应强度同凝视物色的时间长短有关，即持续观看的时间越长，负残像的转换效果越鲜明。例如，当久视红色后，视觉迅速移向白色时，看到的并非白色而是红色的补色，即绿色。如久观红色后，再转向绿色时，则会觉得绿色更绿；而凝注红色后，再移视橙色时，则会感到橙色呈暗。据科学研究表明，这些视错现象都是因为视网膜上锥体细胞的变化造成的。如当人持续凝视红色后，把眼睛移向白纸，这时由于红色感光蛋白元因长久兴奋引起疲劳转入抑制状态，而此时处于兴奋状态的绿色感光蛋白元就会"乘虚而入"，因此，通过生理的自动调节作用，白色就会呈现绿色的映像。除色相外，科学家证明色彩的明度也有负残像现象，如白色的负残像是黑色，而黑色的负残像为白色等。

利用眼睛的这个特点，在设计户外大型喷绘广告时，可以采用大对比颜色，以期给观众留下深刻印象，如高速公路旁边的立柱广告等。

（2）同时对比。

同时对比指人眼在同一空间和时间内所观察与感受到的色彩对比视错现象。即眼睛同时接受到相异色彩的刺激后，使色觉发生相互冲突和干扰而造成的特殊视觉色彩效果。基本规律是在同时对比时，相邻接的色彩会改变或失去原来的某些物质属性，并向对应的方面转换，从而展示出新的色彩效果和活力。

一般而言，色彩对比愈强烈，视错效果愈显著。例如，当明度各异的色彩参与同时对比时，明亮的颜色显得更加明亮，而黯淡的颜色则会更加黯淡；当色相各异的色彩同时对比时，邻接的各色会偏向于将自己的补色残像推向对方，如红色与黄色搭配，眼睛时而把红色感觉为带紫味的颜色，时而又把黄色视为带绿味的颜色。当互补色同时对比时，由于受色彩对比作用的影响，而使双方均显示出鲜艳饱满的魅力，如红色与绿色组合一块，红色更红，绿色更绿，在对比过程中，红与绿都得到了肯定及强调。当纯度各异的色彩同时对比时，饱和度高的纯色将会更加艳丽，而饱和度低的纯色则相对黯然失色，如霓虹灯的色彩饱和度最高，因此霓虹灯的色彩在晚上也最诱人、最醒目。当冷暖各异的色彩同时对比时，冷色让人感到非常的冷峻和消极，暖色令人觉得极为热烈与主动。当有彩色系与无彩色系的颜色同时对比时，有彩色系颜色的色觉稳定，而无彩色系的颜色则明显倾向有彩色系的补色残像，如红色与灰色并列，灰色会自动呈现绿灰的效果。

同时对比这种视错现象曾被许多艺术家们所关注及运用。而真正以科学的观念去系统地认识、表达和总结这种色觉现象的画家、科学家应是意大利文艺复兴时期的达·芬奇，他把具有同时对比性质的黑与白、黄与蓝、红与绿等各颜色从其他色彩中分离出来，并根据主题和艺术创作的需要，将它们巧妙地构成到给定的造型中去，从而使画面展示出不同凡响的色彩美感。

综上所述，无论是同时对比还是连续对比，其实质都是为了满足视觉生理与视觉心理平衡的需要。从生理上分析，视觉器官对色彩具有协调与舒适的要求，凡满足这种条件的色影或色彩关系，就能取得色彩的生理和谐效果。

（五）色彩窥视心灵的颜色

心理测试题：这里有八种颜色，按由强到弱"讨厌"的颜色的顺序，选择你排列第八的颜色：A. 绿色，B. 茶色，C. 蓝色，D. 紫色，E. 红色，F. 橘色，G. 白色，H. 黄色，你选择了哪种颜色？最后选出的第八种颜色，是了解你的性格的关键。但是必须注意的是，不要与喜好的服装颜色相混，请你直接选出感觉深刻的色彩作答。

最后选择绿色的人：绿色是"红"与"蓝"的中间色。挑选绿色的人性格上也居于两者之间。既有行动力，同时又能沉静思考，拥有截然不同的两种特质。也就是兼具优雅与理性，喜好寂寞又谨慎保守，行事不会逾越本分，非常明白自我的立场。由于性情冷静，无论面对任何事都能冷静处理，而且绝不感情用事，所以深受别人信赖。对于别人的请求或委托，总是欣然接受。

最后选择茶色的人：茶色是深沉而朴素的颜色。喜欢这个颜色的人，服装嗜好也偏爱不华丽但富有韵味的款式。正因为这种倾向，很在乎事物内层的精神性表现，所以很能了解人世间的寂寥、孤寂。虽然你的存在并非引人注目，但是内在却具有良好的潜质。由于诚实又富有责任感，很容易被别人接纳。但是，有时太过于孜孜不倦，而显得有些不知变通。此外，对于容易明白的事情，偶尔会用力过度，做无谓的深刻思考。

最后选择蓝色的人：蓝色是天空和海洋的颜色，正巧和红色所具有的形象相反，象征着冷静和浪漫。蓝色，就令人安定沉静，同时能提高想象力。喜好蓝色的女性，多具有善良的品性和丰富的感受力。神经纤细，容易感伤，对人也十分敏感，一个人独处时，常无法忍受孤寂。经常渴求恋爱的对象，而且也希望为温暖的爱所包围。是与其爱人而宁愿被爱的典型。个性朴实，容易得到他人的好感。

最后选择紫色的人：紫色，是红和蓝两个性格极端的颜色混合而成，因此，这个颜色充满着神秘不可理解的复杂情调。喜欢这个颜色的人，可以说是具有艺术家气质的人，内心强烈渴求世人肯定你的才能，有时显得太过虚荣，装饰过度。面对知心朋友，不妨坦率以待，但是由于平时内向又性情不定，旁人很难理解你真正的想法。此外，有时你也会大发雷霆，但绝不至于歇斯底里。

最后选择红色的人：红色是代表精心和行动的颜色，而红色的食物或饮料也通常具有提神醒脑的功能。喜欢红色的人，个性积极，充满斗志，而且意志坚强不轻易屈服。凡事依照自己的计划行事，一旦无法实现便觉不顺心。如果完全不依原先所预期，又会有猛烈反弹的举动。尽管如此，无论多大的困难，都不能轻易打倒这个精力充沛的人。

最后选择橘色的人：橘色是不太讨人喜欢的颜色，特别是不受女性欢迎。可是，喜欢橘色的人却具有出众的社交性格，可以与任何人融洽相处。这种人最适合从事推销员、空中小姐、旅馆服务员的工作。经常笑脸迎人，先向人打招呼问好。喜欢与人相处，不喜欢独处。喜欢别人时，通常以朋友的身份爱慕对方，而不会以大胆热情示人。另外，这种人非常喜欢新鲜事物或是稀奇古怪的东西，对人生拥有永不熄灭的热情。

最后选择白色的人：白色象征单纯，代表神、理想。偏爱白色的人大多不会将自己的感情清楚地流露在外。看待事物不会单取外表的光辉璀璨，会进一步探索内在的本质。这种人的存在绝不是光芒万丈，因为其本身便不爱好表现，但其实拥有不少突出的优点。其个性实在，做事努力认真，责任感强，所以深受他人信赖，常有人请教各种事情。

最后选择黄色的人：与金属相结合的黄色，是理论性思考事情的"理智之色"。看到黄色，便容易提高自制力和注意力。喜好黄色的人，大多属于理论家类型。虽然才能出众，却容易恃才傲物。由于自尊心强，又对自己的能力极具信心，因此，经常希望得到别人的肯定和赞赏。尽管如此，有时又能温顺服从，表现出合作的个性。毫无疑问，爱好黄色的人是一位真正生命力旺盛的人。

第一位以心理学方式延续研究这项测试的卢休指出，颜色的嗜好也显示出其人对异性的态度和日常生活的形态。换句话说，对于色彩的喜恶，可以反映出一个人心中潜藏的愿望。

二、色彩运用

卖场销售区域的设计，是商品特点和品牌特色的直接反映。品牌的定位或高雅，或传统，或时尚，都会通过销售区域的设计得以体现，实际上也是设计师在应用艺术设计体现卖场的经营宗旨。

（一）购物空间的色彩功能

1. 色彩形式服从功能

商店卖场色彩主要应满足基本功能和精神要求，目的在于使人们感到舒适。在功能要求方面，首先应认真分析每一空间的使用性质，如儿童专卖与妇女专卖、商品专卖与食品专卖，由于使用对象不同或使用功能有明显区别，空间色彩的设计就必须有所区别。如图 3-65，德国柏林商场 macbook 店面设计，深色的色彩非常符合产品的色彩需求。

图 3-65　德国柏林商场 macbook 店面设计

2. 力求符合空间构图需要

商店卖场色彩配置必须符合空间构图原则，充分发挥购物空间色彩对空间的美化作用，正确处理协调和对比、统一与变化、主体与背景的关系。在购物空间色彩设计时，首先要定好空间色彩的主色调。色彩的主色调在购物空间气氛中起主导、润色、陪衬、烘托的作用。形成购物空间色彩主色调的因素很多，主要有购物空间色彩的明度、色度、纯度和对比度，其次要处理好统一与变化的关系。有统一而无变化，达不到美的效果，因此，要求在统一的基础上求变化。为了取得统一又有变化的效果，大面积的色块不宜采用过分鲜艳的色彩，小面积的色块可适当提高色彩的明度和纯度。此外，购物空间色彩设计要体现稳定感、韵律感和节奏感。为了达到空间色彩的稳定感，常采用上轻下重的色彩关系。购物空间色彩的起伏变化，应形成一定的韵律和节奏感，注重色彩的规律性，切忌杂乱无章。如图3-66，德国柏林某商场文具专卖的店面设计，大面积的浅色调，配上局部的红色，烘托出了商店的气氛。

图3-66 德国柏林某商场文具专卖的店面设计

3. 利用购物空间色彩，改善空间效果

充分利用色彩的物理性能和色彩对人心理的影响，可在一定程度上改变空间尺度、比例、分隔、渗透空间，改善空间效果。例如商场空间过高时，可用近感色，减弱空旷感，提高亲切感；墙面过大时，宜采用收缩色；柱子过细

时，宜用浅色；柱子过粗时，宜用深色，减弱笨粗之感。如图3-67，德国柏林麦当劳的店面设计，店面色相朴素、简洁，体现德国的民族特色和性格。

　　商店卖场色彩设计应注意民族、地区和气候条件。符合多数人的审美要求是商店卖场设计基本规律。但对于不同民族来说，由于生活习惯、文化传统和历史沿革不同，其审美要求也不同。因此，既要掌握一般规律，又要了解不同民族、不同地理环境的特殊习惯和气候条件。

图3-67　德国柏林麦当劳的店面设计

　　（二）购物空间中的色彩设计

　　购物空间内部的色彩及色光对人的活动、情绪、空间气氛都具有一定的影响。设计者可运用色彩设计的基本规律和美学法则进行整体色彩环境设计。根据人们对色彩的生理反应，当观察的物体具有色彩时，其背景应为物体颜色的补色，使眼睛在背景上获得平衡和休息。同时强烈的视觉刺激加强了顾客对商品的印象。在陈列着大量商品的购物空间中，由于商品本身的颜色五彩缤纷，鲜艳夺目，其背景应尽量保持中性，以与商品形成对比，如灰色，以淡雅朴素的背景衬托出商品。统一的光色成为重要的设计要素，应避免斑斓炫目，杂乱无章。各个楼层可用不同的色彩以便于顾客识别。顶棚宜用浅色，这样营业厅显得宽敞明亮。

对不同种类的商品可结合其本身特性进行与小空间相应的色彩设计。如有的化妆品品牌有固定的柜架，其空间色彩处理应与之结合统一考虑，以进一步突出商品的特性和定位。而作为顾客逗留、观赏的交往空间，局部和小面积上的用色可大胆而强烈，形成欢乐、热烈的气氛，以激起顾客兴奋、活跃的心情。但要考虑如果长时间停留在这种气氛中，易令人感到劳累。在入口、通道和垂直交通处可采用醒目的色彩处理，以吸引和引导人流。中庭空间可用对比的色彩形成兴奋、热情、欢快的空间效果，而就餐区域则相对较为安静，可用柔和的色彩进行设计。

上述因素对购物空间气氛的形成起着重大的作用。利用色彩的物理功能、人们对色彩的生理心理上的感受及社会习俗、历史积淀等人文因素对色彩的既定概念激起人们感情上的联想，而进一步增强室内空间及商品的感染力。

商业购物空间设计的色彩设计往往比居住空间、办公空间更加大胆、鲜艳，更加对比强烈，就是为了一个显著的目的，吸引人们的注意力。关于色彩设计，下面结合商业购物空间销售区域的设计实例作一简单介绍。如图3-68，德国柏林某食品商店的展台设计，墙面、顶棚、地面的处理非常简单，均为平面无任何造型，但其绿色的货架在白色顶棚、墙面以及浅色地面的衬托下非常醒目，色彩非常鲜明，引人注目。

图3-68　德国柏林某食品商店展台设计

第三节　商业购物空间的照明设计理念

在零售市场的变化趋势和细分面前，在消费行为和心理活动日趋复杂化的情况下，商店如何树立和强化自己的品牌形象，以使自己的品牌形象、概念和特点区别于其他的商店，以吸引、取悦和留住客户，就成为现代商店最为关心的问题。为达到这种目的，零售商、商店有多种选择，其中照明（Lighting）作为最为有效的手段和相对便宜的投资，可以说最容易吸引和引诱目标顾客驻足、流连在店铺的橱窗前。

一、商店照明的作用

（一）商店照明的具体功能

商店照明的具体功能可概括为：（1）吸引、引诱顾客；（2）吸引购物者的注意力；（3）创造合适的环境氛围，完善和强化商店的品牌形象；（4）创造购物的氛围和情绪，刺激消费；（5）以最吸引人的光色使商品的陈列、质感生动鲜明。

最根本的商店照明能够帮助零售商、商店强化购买行为的"驻足"（Stopping power）、"吸引"（Attraction）和"引诱"（Persuasion）这一"三步曲"。这三步曲是最终完成购买的前奏。正如我们在第一部分"变化趋势"一节所指出的，人们已经由计划购物向随机的冲动的购物转移，由必要消费向奢侈消费（超出必要程度的任何消费）转变。这种转变是因经济富足，以及未来学家奈斯比特所说的作为高技术的代偿，而产生的只要我喜欢，就买回家去的"高情感"。正如社会学家经常调侃的那样，说女人在购物时，理智常常瞬时短路，明明衣柜已被 20 条长裙塞满，偏偏还要再买第 21 条。在这样的购买行为和购买心理条件下，用照明"吸引"顾客，创造迷人的购物氛围，就变得非常重要。如图 3-69，瑞士苏黎世时尚购物商店内衣模特的设计让商品更加精美，更能凸显档次。

1. 商店照明的作用

现代商店照明（Shop lighting）是非常复杂的，一方面是基于物理学的对于照明质量（Lighting quality）和效果的客观评价，这是经过实验以后被量化的物理量，即有关照度、色温度、照明的均匀性、显色性指数（Color rendering）等照明标准；另一方面是视觉印象的，以及由视觉印象所唤起的情感、趣味等非量化的对照明的主观感觉和评价。大量的视觉心理学试验成果表明，在实际的光环境中照明质量似乎控制着数量，并决定着感觉和趣味的评价。因此，照明设计和研究重点不应局限于传统的基于电气工程学的照明科

图 3-69 瑞士苏黎世时尚购物商店的模特设计

学，应该向光的视觉生理学、心理学、色彩心理学以及照明美学等方面转移，并展开交叉研究。否则，我们对光的知识就是一堆残缺不全的碎片，无法圆满地解释一个好的照明能够影响人的购买行为和购买心理。

正如闪电的光辐射让人恐惧，而彩虹和北极光却能抚慰和鼓舞人们的灵魂一样，光以各种方式介入我们的生活和环境，深深地影响着我们的心理和精神。我们借助视觉生理、心理学、色彩心理理论的研究成果，概括地解释：照明是在怎样的机理下发生吸引和引诱顾客购买这种作用的。

（1）一般来说，消费者进入购物中心时，首先要进行"视觉观察"。视觉生理学告诉我们，眼睛的感色能力（实际是感光能力），主要决定于视网膜上的视神经系统的光线感受能力和处理、传递光刺激的能力。换句话说，人们在观察事物的时候，实际上是在接受观察对象反射光的能量刺激。消费者在购物商场观察时，哪一个品牌的店铺能够被"注意"，取决于商店橱窗的光辐射能水平的高低。这是我们研究商店橱窗照明的基础。

（2）科学研究发现，人眼的光谱敏感度与亮度水平有依赖关系，在低亮度水平下这条光谱敏感度曲线将会向短波方向平移，使人眼对短波辐射的光色变得相对敏感；反之，则向长波方向平移，对长波辐射的色彩变得敏感。这是光色品质偏于暖白色的商店照明能够在照度水平普遍较高的购物中心吸引顾客的原因。

（3）商店照明中强调亮度对比，在相同的平均照度下，高对比度的商品，更容易产生良好的视觉，商品更生动好看。但这仅仅是问题的一个方面，其实是为了适合视觉生理与视觉心理平衡的需要。从生理上讲，视觉器官对光色和明暗具有协调与舒适的要求，凡满足这种条件的光色和明暗关系，就能取得生理和谐的效果。关于这一点，研究色彩生理、心理学和色彩美学的科学家如歌德、埃瓦尔德·赫林都有类似的结论。伟大的艺术教育家、理论家和画家约翰内斯·伊顿在其《色彩艺术》中指出："如果我们观察黑底上的白色方块，然后把目光移开，这时作为视觉残像出现的是一个黑色方块，反之亦然……眼睛倾向于为自己重建一种平衡状态……因此，我们视觉器官的和谐意味着一种精神生理学的平衡状态，在这种状态中，物质的异化与同化是相等的。中性灰色就能产生这个状态。"较新的科学研究，更进一步地通过对"视网膜上锥体细胞的变化"和"感光蛋白元"等神经生理层次的研究证明了这一点。"合乎比例"的亮度对比、明暗对比使视觉满意、和谐，这种和谐导致愉悦的心情。在这样的情绪下容易作出购买的决定。这是在视觉印象的层次上，恰当的光色和光环境对顾客作出购买决定的非直接的作用。

（4）当光色激起了人们的视觉兴趣，当人们被光环境和谐的明暗对比所打动，当光与影的变化和明暗对比表现出深度和广度，由光色气氛给顾客带来的视觉印象能够唤起人们心理情感方面的活动。这是促成顾客决定购买商品的高级心理活动。康定斯基在《论艺术的精神》中断言：现在，在心理学领域内"联想"理论再也不能令人满意了。一般来说，色彩直接地影响着精神。当然，在情感、审美这个心理层次上，因人的出身、环境和教养的不同，会表现出群体和个体的差异来。但这恰恰适合顾客目标非常清楚的高级商品专卖店。

2. 现代购物商场对照明的要求

（1）通过照明改进商品陈列的效果；

（2）节能；

（3）更多的光吸引更多的顾客。这个调研的结果和我们在上一部分"照明的具体功能"一节的论点是互为印证的。如图3-70所示，德国慕尼黑宝马卖场休息处的照度大大提高，与外面的光线形成强烈对比，使顾客有了家的感觉。

图 3-70　德国慕尼黑宝马卖场休息处的设计

二、商店的照明方式

（一）自然采光

通常将室内对自然光的利用，称为"采光"。自然采光，可以节约能源，并且在视觉上更为习惯和舒适，心理上更能与自然接近、协调。根据光的来源方向以及采光口所处的位置，分为侧面采光和顶部采光两种形式。侧面采光有单侧、双侧及多侧之分，而根据采光口高度位置不同，可分高、中、低侧光。侧面采光可选择良好的朝向和室外景观。光线具有明显的方向性，有利于形成阴影。但侧面采光只能保证有限进深的采光要求（一般不超过窗高两倍），更深处则需要人工照明来补充。一般采光口置于 1m 左右的高度，有的场合为了利用更多墙面（如展厅为了争取多展览面积）或为了提高房间深处的照度（如大型厂房等），将采光口提高到 2m 以上，称为高侧窗。除特殊原因外，如房屋进深太大，空间太广外，一般多采用侧面采光的形式。顶部采光是自然采光利用的基本形式，光线自上而下，照度分布均匀，光色较自然，亮度高，效果好。但上部有障碍物时，照度会急剧下降。由于垂直光源是直射光，容易产生眩光，不具有侧向采光的优点，故常用于大型车间、厂房等。如图 3-71，德国柏林 Sony 广场上的自然光照明。

图 3-71　德国柏林 Sony 广场的自然光照明

（二）人工照明

人工照明也就是"灯光照明"或"室内照明"，它是夜间室内的主要光源，同时又是白天室内光线不足时的重要补充。人工照明环境具有功能和装饰两方面的作用。从功能上讲，空间物内部的天然采光要受到时间和场合的限制，所以需要通过人工照明补充，在室内造成一个人为的光亮环境，满足人们视觉工作的需要；从装饰角度讲，除了满足照明功能之外，还要满足美观和艺术的要求，这两方面是相辅相成的。根据空间功能不同，两者的比重各不相同，如工厂、学校等工作场所需从功能角度考虑，而在休息及娱乐场所，则更强调艺术效果。人工照明、自然采光在进行室内照明的组织设计时，必须考虑以下几方面的因素。

（1）光照环境质量因素。合理控制光照度，使工作面照度达到规定的要求，避免光线过强和照度不足两个极端。

（2）安全因素。在技术上给予充分考虑，避免发生触电和火灾事故，这一点在公共娱乐场所尤为重要。因此，必须考虑安全措施以及设置标志明显的疏散通道。

（3）心理因素。灯具的布置、颜色等与室内装修相互协调，室内空间布局、家具陈设与照明系统相互融合，同时考虑照明效果对视觉工作者造成的心理反应以及在构图、色彩、空间感、明暗、动静以及方向性等方面是否达到视觉上的满意、舒适和愉悦。如图3-72，德国柏林的食品卖场内的暖色灯光照明与空间色调相互融合，使空间更华丽。

图3-72　德国柏林某食品卖场照明设计

（4）经济管理因素。考虑照明系统的投资和运行费用，以及是否符合照明节能的要求和规定，考虑设备系统管理维护的便利性，以保证照明系统正常高效运行。

（三）光的种类

照明用光随灯具品种和造型不同，产生不同的光照效果。所产生的光线，可分为直射光、反射光和漫射光三种。

1. 直射光

直射光是光源直接照射到工作面上的光。直射光的照度高，电能消耗少，为了避免光线直射人眼产生眩光，通常需用灯罩相配合，把光集中照射到工作面上，其中直接照明有广照型、中照型和深照型三种。

2. 反射光

反射光是利用光亮的镀银反射罩作定向照明，使光线受下部不透明或半透明的灯罩的阻挡，光线的全部或一部分反射到天棚和墙面，然后再向下反射到工作面。这类光线柔和，视觉舒适，不易产生眩光。

3. 漫射光

漫射光是利用磨砂玻璃罩、乳白灯罩，或特制的格栅，使光线形成多方向的漫射，或者是由直射光、反射光混合的光线。漫射光的光质柔和，而且艺术效果颇佳。如图 3 - 73，德国 MUNCH 宝马卖场设计了漫反射式照明的接待台。

图 3 - 73　德国 MUNCH 宝马卖场柜台照明设计

在室内照明中，上述三种光线有不同的用处。它们之间不同比例的配合能产生多种照明方式。

（四）照明方式

根据光通量的空间分布状况，照明方式可分为五种。

1. 直接照明

光线通过灯具射出，其中 90%～100% 的光通量到达假定的工作面上，这种照明方式就是直接照明。这种照明方式具有强烈的明暗对比，并能造成有趣生动的光影效果，可突出工作面在整个环境中的主导地位，但是由于亮度较高，应防止眩光的产生。

2. 半直接照明

半直接照明方式是利用半透明材料制成的灯罩罩住灯泡上部，使 60%～90% 以上的光线集中射向工作面，10%～40% 被罩光线又经半透明灯罩扩散而向上漫射，其光线比较柔和。这种灯具常用于房高较低的房间的一般照明。由于漫射光线能照亮平顶，使房间顶部高度增加，因而能产生较高的空间感。

3. 间接照明

间接照明方式是将光源遮蔽而产生的间接光的照明方式，其中 90%～100%的光通量通过天棚或墙面反射作用于工作面，10%以下的光线则直接照射于工作面。通常有两种处理方法，一种是将不透明的灯罩装在灯泡的下部，光线射向平顶或其他物体上反射成间接光线；一种是把灯泡设在灯槽内，光线从平顶反射到室内成间接光线。这种照明方式单独使用时，需注意不透明灯罩下部的浓重阴影。通常和其他照明方式配合使用，才能取得特殊的艺术效果。

4. 半间接照明

半间接照明方式和半直接照明方式相反，把半透明的灯罩装在灯泡下部，60%以上的光线射向平顶，形成间接光源，10%～40%部分的光线经灯罩向下扩散。这种方式能产生比较特殊的照明效果，使较低矮的房间有增高的感觉。

5. 漫射照明

漫射照明方式，是利用灯具的折射功能来控制眩光，将光线向四周扩散漫散。这种照明大体上有两种形式，一种是光线从灯罩上口射出经平顶反射，两侧从半透明灯罩扩散，下部从格栅扩散。另一种是用半透明灯罩把光线全部封闭而产生漫射。这类照明光线性能柔和，视觉舒适，适于女性时装店。

（五）照明的布局形式

现代商店大都采用混合照明的方式。主要包括以下几种。

（1）普通照明，这种照明方式是给环境提供基本的空间照明（Space lighting），用来把整个空间照亮，要求照明器的匀布性和照明的均匀性，如图3-74所示的美国纽约某商业购物空间的空间照明设计。

（2）商品照明，是对货架或货柜上的商品的照明，保证商品在色、形、质三个方面都有很好的表现，如图3-75所示的美国纽约某商业购物空间的商品照明设计。

（3）重点照明，也叫物体照明，是针对商店的某个重要物品或重要空间的照明。比如，橱窗的照明应该属于商店的重点照明，如图3-76所示的英国利物浦某商业购物空间的重点照明设计。

（4）局部照明，这种方式通常是装饰性照明（Special/Decorative lighting），用来制造特殊的氛围，如图3-77所示的德国柏林某食品商店的局部照明设计。

（5）作业照明，主要是指对柜台或收银台的照明，如图3-78所示的德国马格德堡麦当劳的作业照明设计。

图 3 - 74　美国纽约某商业购物空间的照明设计

图 3 - 75　美国纽约某商业购物空间的商品照明设计

图 3-76　英国利物浦某商业购物空间的重点照明设计

图 3-77　德国柏林食品某商业购物空间的局部照明设计

（6）空间照明，用来勾勒商店所在空间的轮廓并提供基本的导向，营造热闹的气氛。如图 3-79，德国 MUNCH 宝马卖场休息区的空间照明营造出轻松欢乐的气氛。

图 3-78　德国马格德堡麦当劳的作业照明设计

图 3-79　德国 MUNCH 宝马卖场的休息区的空间照明设计

本书主要涉及商店混合照明方式中的重点——普通照明、商品照明和重点照明。一个商店的照明设计，是否能够切实地帮助商店实现照明的目的和效果，主要是由这三种照明方式的照明变量所控制的。

（六）照明的计算

现代商店的照明是非常复杂的，一方面是经过科学实验已验证过的量化指标；另一方面是视觉印象的，以及由视觉印象所唤起的情感、趣味等非量化的对照明的主观感觉和评价。对于室内设计人员来说，只掌握一种较粗略的计算方法就可以了。精确的计算方法很多，室内设计人员对此有所了解即可。在照明设计的最初阶段采用"单位容量法"进行估算。单位容量值就是指在 $1m^2$ 的被照面积上产生 1Lm 的照度值所需的瓦数。

计算照明的容量，是为了进一步求出所需灯具的数目和功率。其公式为：照明总容量（W）＝单位容量值×平均照度值×房间面积，这适用于一般效果的光源（白炽灯 200W，荧光灯 40W，气体放电灯 250W），计算时是取整个平面照度的平均值。如果房间较多，或是采用间接照明，光通量的损失是很大的，所以计算时就该比实际需要多计算 20％～50％的输入容量。

例如，某购物空间平面面积 6m×4m，高 4m，工作面（距地面 85cm）上的照度为 125lx（应查表所得），采用间接照明型的白炽灯照明，天棚与地面都是浅色。试求房间所需照明总容量和灯具数目，功率是多少？计算方法如下。

$$N＝0.32W×125lx×24m^2＝960W$$

光通量的损耗按 20％计算：

$$960W×20％＝192W$$
$$960W＋192W＝1152W$$

这样确定房间应安装功率为 200W 的白炽灯 6 个（两排，每排 3 个），即可满足 125lx 的照度要求。

在商店照明设计中对这些量化指标，设计单位宜反复演算，电器工程师和照明美学设计师应通力协作，有条件的要借助照明设计软件，进行机上模拟和验算。这些量化指标的相对确切，不仅涉及照明质量和效果的评价，而且涉及用户成本。另外，在光源的选择、照明器和电器附件的配套方面，亦要通盘考虑。目前商店照明设计和工程存在很多问题：有的大型连锁超市的管型荧光灯裸装缺少配光，这不仅造成光效和能源的浪费，而且有眩光；一些时装专卖店由于设计单位不专业，普通照明和重点照明不明确、混乱，普通照明的照度太高、灯布置得太密，这不仅浪费，而且重点照明也无法突出；橱窗用太多的卤钨灯，而未采用光效更高的金卤灯；还有的商店竟然把节能灯露在灯具外一截。普遍存在光色的选择不当，气氛不佳等问题。

三、商店的照明趋势和照明设计程序

（一）照明应用中的若干技巧

（1）在上一节给出的指标范围内，越高级的商店基本照明的照度可设计得越低些，顶级商品专卖店，尤其是顶级时装专卖店基本照明甚至可以低于本书给出的最低值100lx，但不能低于75lx。在这个基础上把重点照明系数拉高些，使明暗的对比度加大。但由于视觉健康的约束，重点照明系数不能超越本书给定的最高值。需特别指出："合乎比例"的亮度对比、明暗对比使视觉满意、和谐，这种和谐导致愉悦的心情，这样的情绪容易作出购买的决定。

（2）增强光影的戏剧性表现。对于重要商品、贵重商品和陈列品，一定要避免被照明商品光亮度的平面化、平均化，在被照对象上应该有局部的或点状的照明。

（3）橱窗照明是非常重要的，要用最亮的照明。特别要强调的是，如果商店是临街的，不是商店中的商店，那么橱窗应该设计安装两套照明。一套是针对夜晚的，一般的用卤钨灯就够亮了；另一套是针对白天的，橱窗的照明要和日光形成反差，就要采用反射型金卤灯了。这是好多商店橱窗照明都碰到过的问题，通常以为再加多几个卤钨灯就可以了，结果还是不行。

（4）要重视显色性指数。在初期投资和用户成本允许的情况下，尽量使用显色性高的光源产品，这是保证商店具有丰富而饱满的色彩的前提。

（二）照明设计的基本原则

1. 实用性

室内照明应保证规定的照度水平，满足工作、学习和生活的需要，设计应从室内整体环境出发，全面考虑光源、光质、投光方向和角度的选择，使室内活动的功能、使用性质、空间造型、色彩陈设等与其相协调，以取得整体环境效果。

2. 安全性

一般情况下，线路、开关、灯具的设置都需有可靠的安全措施，诸如分电盘和分线路一定要有专人管理，电路和配电方式要符合安全标准，不允许超载，在危险地方要设置明显标志，以防止露电、短路等引发的火灾和伤亡事故发生。

3. 经济性

照明设计的经济性有两个方面的意义，一是采用先进技术，充分发挥照明设施的实际效果，尽可能以较少的投入获得较大的照明效果；二是在

确定照明设计时，要符合我国当前在电力供应、设备和材料方面的生产水平。

4. 艺术性

照明装置具有装饰购物空间、美化环境的作用。室内照明有助于丰富购物空间，形成一定的环境气氛。照明可以增加空间的层次和深度，光与影的变化使静止的空间生动起来，能够创造出美的意境和氛围，所以室内照明设计时应正确选择照明方式、光源种类、灯具造型及体量，同时处理好颜色、光的投射角度，以取得改善购物空间氛围的艺术效果。如图 3-80，美国纽约某商业购物空间采用现代元素和商场元素字母的造型设计，充满了艺术性。

图 3-80 美国纽约某商业购物空间的艺术性设计

（三）商业购物空间室内照明设计的要求

商业购物空间室内照明设计除应满足基本照明质量外，还应满足以下几方面的要求。

1. 照度标准

照明设计时应有一个合适的照度值，应根据空间使用情况，符合《建筑电器设计技术规程》规定的照度标准。照度值过低，就不能满足人们正常的工作、学习和生活需要；照度值过高，容易使人疲劳影响健康。

2. 灯光的照明位置

人们习惯将灯具安放在房子的中央，其实这种布置方式并不能解决实际的照明问题。正确的做法是将灯光位置与室内人们的活动范围以及家具的陈设等因素结合考虑。这样，不仅满足了照明设计的基本功能要求，同时加强了整体空间意境。此外还应把握好照明灯具与人的视线及距离的适当关系，控制好发光体与视线的角度，避免产生眩光，减少灯光对视线的干扰。

3. 灯光照明的投射范围

灯光照明的投射范围是指保证被照对象达到照度标准的范围，这取决于人们室内活动作业的范围及相关物体对照明的要求。投射面积的大小与发光体的强弱、灯具外罩的形式、灯具的高低位置及投射的角度相关。照明的投射范围合适，会使室内空间形成一定的明暗对比关系，产生特殊的气氛，有助于集中人们的注意力。

4. 照明灯具的选择

人工照明离不开灯具，灯具的功能不仅是照明，为使用者提供舒适的视觉条件，同时也是建筑装饰的一部分，可起到美化环境的作用，是照明设计与建筑设计的统一体。随着建筑空间、家具尺度以及人们生活方式的变化，光源、灯具的材料、造型与设置方式都会发生很大的变化。灯具与室内空间环境结合起来，可以创造不同风格的室内情调，取得良好的照明及装饰效应。从灯具的类型上可分为如下六种。

（1）吊灯：吊灯是悬挂在室内屋顶上的照明工具，经常用作大面积范围的一般照明。大部分吊灯带有灯罩，灯罩常用金属、玻璃和塑料制成。用作普通照明时，多悬挂在距地面 2.1m 处，用作局部照明时，大多悬挂在距地面 1—1.8m 处。吊灯的造型、大小、质地、色彩对室内气氛会有影响，在选用时一定与室内环境相协调。例如，古色古香的中国式房间应配具有中国古老气息的吊灯，西餐厅应配西欧风格的吊灯（如蜡烛吊灯、古铜色灯具等），而现代派设计则应配几何线条简洁明朗的灯具。

（2）吸顶灯：直接安装在天花板上的一种固定式灯具，作室内一般照明用。吸顶灯种类繁多，但可归纳为以白炽灯为光源的吸顶灯和以荧光灯为光源的吸顶灯。以白炽灯为光源的吸顶灯，灯罩用玻璃、塑料、金属等不同材料制成。用乳白色玻璃、喷砂玻璃或彩色玻璃制成的不同形状（长方形、球形、圆柱体等）的灯罩，不仅造型大方，而且光色柔和；用塑料制成的灯罩，大多是开启式的，形状如盛开的鲜花或美丽的伞顶给人一种兴奋感；用金属制成的灯罩给人感觉比较庄重。以荧光灯为光源的吸顶灯，大多采用有晶体花纹的有机玻璃罩和乳白玻璃罩、外形多为长方形。吸顶灯多用于整体照明，走廊等地方经常使用。

（3）嵌入式灯：嵌在楼板隔层里的灯具，具有较好的下射配光，灯具有聚光型和散光型两种。聚光灯型一般用于局部照明要求的场所，如金银首饰店、商场货架等处；散光型灯一般多用作局部照明以外的辅助照明，例如卖场走道，咖啡馆走道等。

（4）壁灯。壁灯是一种安装在墙壁建筑支柱及其他立面上的灯具，一般用作补充室内一般照明，壁灯设在墙壁上和柱子上，它除了有实用价值外，也有很强的装饰性，使平淡的墙面变得光影丰富。壁灯的光线比较柔和，作为一种背景灯，可使室内气氛显得温馨，常用于大门口、门厅、卧室、公共场所的走道等，壁灯安装高度一般在 1.8～2m，不宜太高。同一表面上的灯具高度应该统一。

（5）立灯。立灯又称"落地灯"，也是一种局部照明灯具。它常摆设沙发和茶几附近，作为待客、休息和阅读照明。

（6）轨道射灯。轨道射灯由轨道和灯具组成的。灯具沿轨道移动，灯具本身也可改变投射的角度，是一种局部照明用的灯具。主要特点是可以通过集中投光以增强某些特别需要强调的物体。已被广泛应用在商店的室内照明，以增加商品、展品的吸引力。

以上灯具是在室内光环境设计当中用的比较多的形式，除此以外，还有应急灯具、舞台灯具、高大建筑照明灯具以及艺术欣赏灯具等，这里不再一一介绍。吊灯、壁灯、台灯、立灯、轨道射灯、嵌入式灯。

5. 照明设计的程序和方式

（1）照明设计的程序。

① 首先，明确照明设施的目的与用途，把各种用途列出，以便确定满足要求的照明设备。

② 其次，在照明目的明确的基础上，确定光环境及光能分布。如舞厅，要有刺激兴奋的气氛，要采用变幻的光、闪耀的照明。

（2）照明设计方式的选择。

一般来说，对整个房间总是采取一般照明方式，而对工作面或需要突出的物品采用局部照明。如卖场中整个大厅是一般照明，而对展品用射灯作局部照明。因此用途确定，照明方式也就随之确定。

① 光源。

各种光源在功率、光色、显色性及点灯特性等方面各有特长，可用在不同的照明工程中。

② 灯具。

在照明设计中选择灯具时，应综合考虑以下几点：

第一，灯具的光特性：灯具效率、配光、利用系数、表面亮度、眩光等。

第二，经济性：价格、光通比、电消耗、维护费用等。

第三，灯具使用的环境条件：是否要防爆、防潮、防震等。

第四，灯具的外形与建筑物及室内环境是否协调等。

6. 购物空间的照明趋势

（1）更加注重光源的质量：

① 要有更高的照度水平；

② 更多的重点照明和明暗对比；

③ 更高的显色性，没有频闪；

④ 减少对商品褪色的影响。

（2）追求自然光的照明效果：

① 改变光源的光通量、光强和颜色；

② 人造日光和动态照明。

（3）追求绿色和环保：

① 增加对环保的考虑；

② 政府加强照明的立法；

③ 首选可循环和利用的产品包装；

④ 节能，非常注意灯的功率和热损耗与冷却成本的考虑。

（4）关注维护成本：

① 考虑光源的寿命以及替换的成本；

② 照明的灵活性，最好能在必要是，容易随时对照明进行调整。

第四节　商业购物空间的营业空间设计

一、卖场的购物空间

（一）商品的分类

商业经营的商品种类多、范围广，一般可分为以下几大类：

（1）食品部：烟酒、茶叶、滋补品、肉食、饮料、糕点、各类小食品、冷冻食品等。

（2）美容、饰品类：化妆品、香水、手表、珠宝钻石等。

（3）文化用品部：文具、体育用品、中西乐器、钟表眼镜、儿童玩具、电脑等。

（4）电器类：通讯产品、家用电器、摄影器材等。

（5）服装、皮具类：女装、男装、童装及中老年服装等。

（6）家饰类：毛织品、绒线、内衣、袜子及床上用品、玻璃、不锈钢、塑料制品等。

（二）商品布置原则

为便于经营管理，方便顾客选购，提高营业面积使用率，商品布置应遵循以下原则：

（1）根据商店规模大小，按商品性质划分为若干商品部门或货柜组合。

不同规模的商店经营货品种类有所不同，可将内容相近的货品集中布置或组成毗邻的商品部或柜组。

（2）按顾客对商品的挑选程度和商品特点布置商品部。

商品功能、尺寸、规格各有不同，顾客对商品的挑选程度亦有所不同。可将挑选程度较弱的小百货、日用品布置在底层，挑选时间较长、挑选过程复杂的商品如服装、音响、电视机应布置在相对独立的空间内，远离出入口，方便顾客安心挑选，同时保证顾客、货物路线通畅。对于体积大而重的商品如大型家电、五金、运动器械等，宜布置在首层或地下层，便于搬运。将金银珠宝、手表精品等价值大但顾客流量和销售量不大的商品，应放在安全、便于管理、安静的环境。

（3）按商品交易次数、销售量的多少、季节的变化和业务的忙闲规律，合理布置商品柜。

将方便购买、诱导购买的商品和季节性、流行性强的商品放在 2～3 层。将交易次数多、销售繁忙的商品与销售清淡的商品柜间隔布置，使人流在营业厅中分布均匀，提高营业面积的使用效率。顾客较密集的售货区应位于出入方便的地段。

（4）按商品特性及安全保管条件布置商品柜。

针对需冷藏、自然采光、防潮、防串味的特殊商品的特性，合理布置商品柜架。对于易燃如火柴等商品应加强安全保管措施并单独放置。

（5）按有利于增添营销空间的魅力布置商品柜。

外观新颖、色彩丰富、陈列效果较好的商品宜布置在营业厅的突出位置和顾客视线集中的部位，如将化妆品类放在靠近入口处，以增强营业厅的视觉效果，产生琳琅满目、富丽堂皇之感。营业厅内各售货区面积可按不同商品种类和销售繁忙程度而定。营业面积指标可按平均每个售货岗位 15m² 计（含顾客占用部分），也可按每位顾客 1.35m² 计。但当营业厅内堆置大量商品时，应将指标计算以外的面积计入仓储部分。

广州王府井商场的商品布置为：

一层：烟酒茶、日用精品、金融服务、各类食品、中西成药、自选超市、冷热饮料、滋补食品、化妆用品、鲜花饰品。

二层：办公用品、保健用品、家用电器、体育用品、茶艺乐园、箱包皮具、鞋帽精品。

三层：钟表眼镜、针棉织品、妇女用品、床上用品、儿童用品、精品书刊、照明器材、黄金珠宝、工艺礼品。

四层：名牌套装、男女时装、休闲系列、衬衫名品、精品店廊、西点饮品。

五层：国际名牌时装、精品皮具、皮鞋。

六层：精品家电、音像制品、名牌时装。

七层：高档家具。

（三）售货现场布置形式及特点

售货现场的布置形式与商店的经营策略、管理方式、空间形状和所处环境、采光通风的状况及商品布置的艺术造型等有关。柜架的设置应使顾客流线通畅，便于游览与选购，使营业员工作方便快捷，同时可提高货架的利用率。售货现场有以下几种常见的布置形式：

1. 顺墙式

柜架、货架顺墙排列，又分为沿墙式和离墙式布置。以传统封闭式中的高货架为常见，陈列商品多，但连续顺墙式布置高货架易使空间显得封闭。

（1）沿墙式：柜台连续较长，节省营业员人数，但高货架不利于高侧窗的开启，不便于采光通风，在无集中空调的寒冷地区不利于设置暖气片。如图3-81，德国柏林某商场沿墙式柜台设计。

（2）离墙式：货架与墙之间可作为散仓，要求有足够的柱网尺寸，但占用营业厅面积多，不经济。如图3-82，德国法兰克福某商场离墙式柜台设计。

2. 岛屿式

营业员工作空间四周用柜台围成闭合式，中央设置货架形成岛屿状布置，常与柱子相结合，又分为单柱岛屿式、双柱岛屿式及半岛式，其中半岛式又分为沿墙式或离墙式两种形式。岛屿式有正方形、长方形、圆形、三角形、菱形、六角形、八角形等多种形式。在传统的营销方式中，一般除了沿墙布置单边柜台外，内部空间结合通道尽可能采用岛式双边柜台，柜台的长短与营业额直接相关。柜台周边长，存放商品多，形式多样，布置灵活，便于商品分类分档，利于商品展示。中央货架拉开布置形成散仓，在不影响顾客视线的前提下，将贮藏空间与柜架有机结合，使经营现场商品量充足，保证了买卖活动的正常进行。大型商场较多采用此种布置方式，这种布置方式能减少商场内拥挤杂乱的感觉。如上海环球百货商厦采用了高2m的岛式柜架。如图3-83，德国柏林某商场岛屿式的柜台设计。

图 3-81　德国柏林某商场沿墙式的柜台设计

图 3-82　德国法兰克福某商场离墙式的柜台设计

图 3-83　德国柏林某商场岛屿式的柜台设计

3. 斜交式

柜台、货架与柱网轴线成斜角布置。斜线具有动感，斜交式的布置方式吸引顾客不断沿斜线方向进行，形成深远的视觉效果，利于商品销售。空间既有变化又有规律性，形象更加生动，入口与主通道联系更为直接，方向感强，减少了入口人流的拥堵。对商场来讲，采用此种布置方式相对便于管理。斜交式通常以45°角布置，这样可避免货柜相交处出现锐角的情形。窄长的小营销空间可用此种布置方式产生拓宽空间、减少狭长感的效果。如图3-84，德国柏林商场斜交式的柜台设计，呈45°角。

图3-84　德国柏林某商场斜交式的柜台设计

4. 放射式

柜架围绕客流交通枢纽呈放射式布置。交通联系便捷，通道主次分明。各商品柜组应注意小环境的创造，以突出商品特色，避免单一的布置形式带来的单调感。如图3-85，德国柏林某商场放射式的柜台设计。

5. 自由式

柜架随人流走向和密度变化及商品划分呈有规律性的灵活布置。空间可产生轻松愉快的气氛，但应避免杂乱感，需在统一的环境基调前提下进行自由布置。如图3-86，德国柏林某商场自由式的柜台设计，具有布置灵活的特点。

图 3-85　德国柏林某商场放射式的柜台设计

图 3-86　德国柏林某商场自由式的柜台设计

6. 综合式

几种布置形式有机地综合运用。采用综合式布置形式可更充分灵活地合理利用空间，空间富于变化，避免了同一种布置形式带来的枯燥感，增加了趣味性，给顾客以新鲜感，从而增加购买欲。如图 3 - 87，德国柏林某商场综合式的柜台设计，柜台展示形式丰富多变，具有趣味性。

图 3 - 87　德国柏林商场综合式的柜台设计

柜台设计时应考虑影响售货现场布置形式的各主要因素，分析空间特点，充分利用空间并注重功能要求，综合运用多种布置形式，创造出符合商场特性的理想的商业环境。

（四）营销方式

商场的营销方式是商场建筑设计的决定因素之一。营销方式通常分为封闭式和开敞式，开敞式又分为全开敞式和半开敞式。全开敞式和半开敞式较之于封闭式营销方式更重视商品的陈列展示，同时也能促进商品的销售。

1. 封闭式

封闭式是用柜台将顾客与营业员分开，通过营业员将商品转交给顾客。营业员工作空间较为独立，便于对商品的管理，但不利于顾客挑选商品，是传统的售货方式。采用这种售货方式的商店营业厅常用大厅式布置，柜台应保持足够的长度。对于贵重不宜由顾客直接选取的商品如首饰、手表等常采用这种营

销方式 。

2. 半开放式

半开放式是按商品的系列、种类由货架或隔断围合成带有出入口的独立小空间，以一个出入口的口袋式布局或一进一出两个出入口通过式布局为常见，开口处紧邻通道。一般沿营业厅周边布置形成连续的相对独立的单元空间。各单元应既有独特性又有统一性。在这样的小空间中商品柜台与货架同时对顾客开放，但通常是顾客选中商品后，由营业员按种类、规格、型号提供顾客相应的商品。营业员工作空间与顾客使用空间穿插交融。

半开放式营销方式拉近了商品与顾客之间的距离，便于顾客挑选商品。多用于鞋帽、服装、皮具等商品的销售以及适用于以品牌形成的独立小空间。这种营销方式柜架的摆放较灵活，各种不同造型、材质的柜架和隔断，与商品或品牌形象相关联，配以文字、标识，各具特色，鲜明地表现出商品和品牌的风格，具有较强的易识别性。以品牌划分出的相对独立的营销空间，更注重于对品牌形象及消费群体定位的宣传。主要的品牌形象展示面应置于吸引视线的位置，并与错落有致的柜架相结合，以展示同一品牌不同种类的系列商品。

3. 全开敞式

商品柜台与货架合二为一，顾客可随意挑选商品，营业员工作空间基本让位于顾客使用空间，最大限度地增加了顾客与商品接触的机会，符合顾客心理，便于顾客挑选商品，节省了购物时间。顾客常会因遇到钟意的商品，感官、意识受到触动而冲动购物。它适宜于挑选性强、对商品细部及质感有特殊要求的商品如服装、鞋帽等，常用于超级市场以及大厅开放式的布置，视觉上可一览无余，具有强烈的采购诱惑力。但不便于对商品的管理且空间不易分隔，会有变化少、缺乏情趣等不足之处。

根据商店的具体情况，可采用某一种营销方式或多种营销方式综合布置，如采用大厅式与小空间式的营销方式相结合，避免了大厅式营业厅中不同性质的商品堆积于一个大空间中，互相影响、干扰的缺点，突出了小空间的特色也保留了大空间的优点。在重视由营销方式划分出的小空间的"异"、"精"的特色的同时，应考虑整个营销空间形象与内涵的统一。开敞、半开敞的营销方式，使顾客与商品直接接触，减少了中间环节，且商品陈设方式丰富，利于商品销售，从而成为商场的发展趋势。

小型商店面积不大，营业厅常采用大厅式，当进深较窄时，一般采用长条式，其销售方式大多为封闭式，但随着发展，也逐渐变化为开敞式和半开敞式。

专卖店也是一种商业形式，随着人们品牌意识的增强，品牌专卖店日益增多。专卖店的设计理念以突出品牌特色为根本，具体的设计手法如对各个界面的处理、照明设计、柜架的造型、标志广告及商品的展示方式与大中型商场划分出的品牌空间相似，但更为灵活。根据专卖的商品不同，空间环境的处理也各有侧重。

（五）售货现场设施及其组合

售货现场设施有货柜、货架、收银台等，在营销活动中起着十分重要的作用。在售货现场，柜台、货架通过组合完成其功能，不同的营销方式售货现场设施有不同的组合形式，并依据商店的经营策略、管理方式、空间形状和艺术造型等形成不同的售货现场布置形式。

1. 封闭式营销方式中的设施及其组合

在传统的封闭式售货方式中，柜架的组合方式较固定，营业员位于柜架之间。起决定作用的为营业员工作空间的宽度，即柜台与货架之间的距离，应方便营业员取放柜台与货架上的商品，避免因过窄而使营业员行动不便，或过宽造成营业员体力损耗及降低营业面积的使用率等问题的产生。其一般宽度为750～900mm。货架前若设有矮柜，宽度可增加至1100mm。如图3-88，德国柏林某商场封闭式的柜台设计。

图3-88　德国柏林某商场封闭式的柜台设计

2. 半开敞式营销方式中的设施及其组合

在半开敞式的营销方式中，通常的柜架组合为"回"字，货架在周围，货柜在中心位置，有时中心位置也可设少量货架。货架的组合间距应考虑顾客与营业员穿插流动的需要。如图3-89，德国柏林某商场半封闭式的柜台设计。

图 3-89　德国柏林某商场半封闭式的柜台设计

3. 开敞式营销方式中的设施及其组合

在开敞式的营销方式中，柜架的组合演变为货架与货架的组合，通常的组合方式为行列式，其间距除考虑顾客通行的要求外还应考虑顾客在没有柜台的情形下，挑选商品的活动范围。如图 3-90，德国柏林某商场开敞式的柜台设计。

图 3-90　德国柏林某商场开敞式的柜台设计

（六）商品货柜设计

售货现场设施及其布置取决于人体尺度、活动区域、视觉有效高度等因素，同时应考虑在造型风格、选材、色彩上的整体系列性，应使其符合人体工程学，易观赏、拿取商品，方便使用，并有利于烘托和突出商品各自的特性及营业厅的空间环境。

人的正常有效视觉高度范围为从地面向上 300～2300mm，其中重点陈列空间为从地面向上 600～1600mm；展出陈列空间为 2000～2300mm；顾客识别挑选商品的有效高度范围为地面上 600～2000mm，选取频率最高的陈列高度范围为 900～1600mm。墙面陈设一般以 2100～2400mm 为宜。2000～2300mm 为陈列照明设施空间。

1. 柜台

柜台是供营业员展示、计量、包装出售商品及顾客参观挑选商品所用的设备，柜台或全部用于展示商品，或上部展示商品，下部用于贮藏。在销售繁忙、人员拥挤的销售环境中，货柜需要储存一天销售的商品量，可利用柜台的下部作为存放货品的散仓，也可作为营业员的私用空间。在传统封闭式售货方式中，柜台是必不可少的，且数量较多。在半开敞的营销方式中，货柜的传统形式已有所转变，更强调商品的展示。在数量上与货架相比也少了许多，而且更注重其自身的造型，把造型作为体现商品品牌、品位的方式之一。

柜台的尺度为：

高度：一般为 900～1000mm。

宽度：一般为 500～600mm，但有些特殊商品根据其本身的要求，宽度会有所变化，如纺织部柜台一般为 900mm。

长度：单个柜台一般为 1500～9000mm。

为增加陈列效果，可在柜台内壁安装镜面。

2. 货架

货架是营业员工作现场中分类分区地陈列商品并少量储存商品的设施。

货架的尺度为：

高度：一般为 1800～2400mm，以 2100mm 常见。

宽度：一般为 300mm，其前面底部常增加一矮货架以扩大底部空间，存放尺寸较大的货物，同时，其顶面可供营业员放置临时物品，宽度可增宽至 600～700mm。柜架应注意使观看角度尽量大，光线充足，有助于衬托商品的价值和看清细部。

在半开敞的营销方式中，由于售货方式的改变，传统的柜架形式及尺寸也有所改变，下部的储藏空间高度减小，由传统封闭式售货方式中的 800mm 左右降至 400～600mm，加强了货架的展示功能。货柜的上半部一般用于陈列展示商品，下半部为供营业员使用的空间。货柜的造型更加丰富。

在开敞式的营销方式中，货架将展示陈列与存货功能彻底合二为一。仓储式开架售货现场常采用高货架。除此之外的开敞式售货方式常采用低货架及高低柜架相结合的方式。一般不再需要货柜。

二、卖场的交通空间

营业厅内的交通与流线组织紧密相关，室内空间的序列组织应清晰、有秩序感，交通空间应连续顺畅，流线组织应明晰直达，并使顾客顺畅地游览选购商品，迅速、安全地疏散。除满足正常经营秩序的需要外，尚应考虑应急的消防、地震等安全疏散的要求。营业厅内的交通空间包括水平交通空间与垂直交通空间。水平交通是指同层内的通道，垂直交通是指不同标高空间的垂直联系如楼梯、电梯和自动扶梯。它们都是引导顾客人流的重要功能构件。在室内空间中主要通过柜架的布置划分水平交通空间，柜架的布置应形成合理的环路。垂直交通工具应与各层通道有便捷的联系，形成整体的交通组织，符合国家有关规范要求。

（一）顾客通道宽度

顾客通道是供顾客通行和挑选商品的场所，应有足够的宽度保证交通顺畅，便于顾客疏散。但过宽的通道会造成面积的浪费。

在全开敞和半开敞的营销方式中，买卖空间界线无明显划分，在一个主通道上可有多个单元出入口和通道与之连通，方向性人流没有封闭式营销方式那样集中，其水平通道宽度除特殊情况外，可比封闭式通道稍窄，更拉近了顾客与商品的距离。

（二）营业厅的出入口与垂直交通

营业厅出入口与垂直交通对顾客流线的组织起着决定性的作用，设计时应考虑合理布置其位置，正确计算其总宽度及选择恰当的类型与形式。通道疏散口应有引导提示标志牌。

（1）出入口的位置、数量和形象。

出入口位置的分布、数量和宽度的大小依人数多寡、流线走向分出主次，合理配置，保证顾客顺利进入营业厅并均匀地疏散。商场单面、两面、三面、四面临街时出入口的位置见图 3-13。出入口应分布均匀并有足够的缓冲面积。大中型商店建筑应有不少于两个面的出入口与城市道路相邻接，或基地不少于 1/4 的周边总长度和建筑物不少于两个出入口与一边城市道路相邻接。一般中型商店出入口应不少于两个，大型商店应在两个或两个方向以上开设不少于 3 个出入口。营业厅的出入口、安全门净宽度不应小于 1.4m，并不应设置门槛。在空间处理上直接对外的顾客出入口应宽敞明亮，内外空间交融渗透，以更好地吸引顾客进入商店游览购物。顾客出入口应有橱窗、遮阳、防雨、除尘等设施。与室外停车场及周围的环境应有良好的关系。

（2）垂直交通的联系方式及布置。

垂直交通的联系方式一般有楼梯、电梯和自动扶梯。根据商店的规模，可单独使用楼梯或几种梯共同使用，应分布均匀，保证能迅速地运送和疏散顾客人流。主要楼梯、自动扶梯或电梯应设在靠近出入口的明显位置。商店竖向交通的方便程度对顾客的购物心理、购物行为和商店的经营有很大影响。

以楼梯解决顾客的竖向联系的，数量应不少于 2 个，设置方式有开敞的和位于楼梯中间的，其造型的艺术处理起到装饰营业厅空间环境的作用。

每梯段净宽不应小于 1.4m，踏步高度不应大于 0.16m，踏步宽度不应小于 0.28m。每梯段不超过 18 阶，不少于 3 阶，台阶高宽尺寸应相同。消防楼梯应符合防火规范。大型百货商店、商场建筑物营业层在五层以上时，设置直通屋顶平台的疏散楼梯间应不少于 2 座。

营业层四层以上应设电梯，且与楼梯相邻。电梯前应留有足够的等候及交通面积。应避免通过楼梯和电梯上下的人流交叉。较大的商场在中庭设置观景电梯作为辅助交通设施，可增加空间环境的动感。

自动扶梯能运载大量人流，且有引导人流的作用，常与商场内中庭相结合，且有一定的装饰效果。自动扶梯虽然占地面积大，但对具有连续人流的商场则具有显著的优越性，对大型商场而言是必不可少的。以自动扶梯为主，楼梯、电梯为辅已成为发展趋势。自动扶梯的常见配置方式一般有直列式、并列继续式、并列连续式及剪刀式。自动扶梯上下两端应连接主通道，两端水平部分 3m 范围内不得兼作他用。当厅内只设单向自动扶梯时，附近应设与之相配合的楼梯。自动扶梯倾斜部分的水平夹角应等于或小于 30°。

高度不同的商业购物空间，采用联系上下层空间的自动扶梯、开敞式楼梯及观光电梯等竖向联系构件，把不同标高的多个空间串联起来，相互渗透，起到引导顾客流线的作用，增加了营销空间的连续性同时给空间带来动感，具有活跃气氛的效果。顾客在通达上层空间的过程中，可方便地浏览、观赏到整个营业大厅。不同的高度使人产生不同的心理感受，加强了对空间的认识与记忆。

（三）交通枢纽——中庭

大型商场及购物中心常设有中庭，在其中设置自动扶梯和观景电梯，可快速大量地运送人流，成为人流交汇分流的交通枢纽，并起着引导人流的作用。

当中庭设有多部自动扶梯时，有的扶梯可直达较高的楼层，使想购买位于较高楼层商品的顾客交通路线更加便捷方便。自动扶梯与观景电梯在中庭空间内高低错落，顾客川流不息，既丰富了中庭的景观，又达到了步移景异的视觉效果，增加了中庭的动感和节奏感，活跃了空间，加强了不同楼层的视觉联系，空间层次丰富，通透开敞，提供了人看人、人看商品的机会。商场若有地下层营业厅，中庭往往从地下层起始，使地下层与地上层空间通过中庭贯通，减弱了地下空间的封闭隔离感，空间敞亮明快，具有吸引力，改善了人们多半喜爱在地面及以上各层活动的情形。

中庭满足了人们对购物、休闲、观赏、交往等的需求及对开敞明快、有生机有活力的营销空间的向往，中庭体现出时代的特色，已成为发展趋势。

（四）重点装饰及空间变化对流线的引导作用

重点装饰的设计、空间的变化、视线焦点的组织和视差规律的运用也为顾客流线起到引导作用。

营销空间中照明设计、色彩处理、材质的变化及广告标志等重点装饰起到吸引视线、引导客流的作用。在入口处设置商品分布导购示意图，在主通道及各个货区设置导向标志，结合灯箱悬挂在顶棚下面，一目了然，可起到吸引顾客、引导人流的作用。

营销空间中某些标志对顾客的流线也能起到很好的引导作用。如各类商品的标志牌及楼层经营的商品内容指示牌等。标志分为定点标志、引导标志、公用标志和店用标志，其设置方式分为悬挂、摆放和附着固定等，设计时可对其位置、尺度、式样、色彩作统一考虑，并注意文字的字形、大小与基底的色彩关系，使其有良好的可辨认程度。各商品部的标志牌可设计成形象化的图案，配以各色霓虹灯光，使顾客在较远的距离即能发现所要寻找的商品。

根据人的视差规律通过空间围护部件如顶棚、地面、墙面等的巧妙处理，以及玻璃、镜面玻璃、斜线等的适当运用，可使空间产生延伸和扩大感。营销空间中斜向布置柜台，缩短了顾客的交通路线，同时又相对地增大了视距，使空间产生扩大感与深远感。玻璃的通透及镜面的反射也使空间渗透连续和延伸扩大，起到增加商业气氛的作用。

三、卖场的展示空间

商品陈列是商业建筑内部环境设计中的重要组成部分，通过展示陈列商品可以突出商品特征，增强顾客对商品的注目、了解、记忆与认知程度，从视觉到触觉诱导顾客。商品陈列的效果与商店空间尺寸、商品陈列的位置（高度、深度）、商品与顾客之间的距离及商品的陈列方式有关。运用对比、协调、主从等手法处理商品、商品与背景、商品与陈列设备等关系，可以表现商品的质感和美感，产生生动丰富的效果。在开敞、半开敞的营销方式中，常将商品展示陈列与存放融为一体，使顾客的行为从视觉到触觉，从挑选到购买，整个过程连贯始终。这种将陈列与储存相结合的方式，既方便选购又节省空间。

（一）陈列要素

展示陈列空间是商场空间的重要部分，是商场整体形象中的一个亮点。同属于商场内外空间的橱窗及各种展示柜架是陈列空间中的主要陈列要素，它们都具有陈列展示的功能，但其陈列方式、手段对空间气氛的渲染和对人流的吸引程度各有特点。陈列设备应具有方便经营、造型优美、拆装方便、投资经济的特点和相对的灵活性，易于适应不同类型、规格、尺寸的商品的系列化陈列并结合商品的性质，体现商场的个性及品位。如图 3-91，德国柏林某商场的柜台陈列设计，起到了吸引顾客的作用。

图 3-91　德国柏林某商场的柜台陈列设计

（二）橱窗设计

展橱是商店的一个窗口，在特定环境的视觉氛围中能体现出商品的价值和商店的档次，对展示商场商业形象、体现经营特色有重要作用。同时商品特色外观呈现在顾客面前能产生强烈的艺术感染力，满足顾客比较、选择、观赏、商品信息储存等需要，激发起顾客的兴趣和信任感，从而刺激购买欲。如图3-92，德国柏林某商场的橱窗陈列设计。

图 3-92　德国柏林某商场的橱窗陈列设计

（三）展示设计

商品展示是商场的重要组成部分，它以商品为首位，通过强化商品，传达商品信息，刺激顾客的心理与视觉，增强商品的可信度与权威性，促进商品销售。不同的文化水平、生活方式、消费倾向和购物心理对设计品位的要求也不同。商品展示的内容一般更换较频繁，这就要求在较短的展示期限内通过独特的展示设计给顾客以全新的感受，使商品成为中心，引起顾客的关注。

商场内一般的展示场所有：地面、顶棚、墙面、柱面及台面，陈列展览用具也有多种形式，如模特、道具、陈列架、台、桌、柜等陈列用具。具体的展示陈列方式有以下几种。

（1）汇集陈列：大量商品汇集，体现丰富性、立体感，创造热闹气氛，但许多商品汇集，会使商品自身的特点不易突出，并置的商品在材质、色彩、尺寸、款式上不应过于协调，应采取对比的手法改善商品的展示效果。

（2）开放陈列：让顾客可自由接触商品以诱发购买欲，这样的展示方式拉近了顾客与商品的距离，使顾客不仅从视觉而且从触觉上更加了解商品的材质、肌理与触感。

（3）重点陈列：将具有魅力的商品置于视域中心处作为展示重点，如在销售手表、首饰等物品的柜台上设置四周以透明玻璃封闭的展示柜，并辅以灯光，熠熠闪亮，强调商品自身的价值；也可做成电动式，使其自由转动，使商品的多个面得以展示，以增强展示效果。

（4）搭配陈列：将关联性商品组合陈列以表现建议性、流行性、系列性，这种陈列方式可加强顾客对所展出商品的印象。

（5）样品陈列：少量商品作样品以吸引顾客，大量商品置于仓库中，这种陈列方式在传统的销售方式中最为常见。

陈列展示中的独立式展示柜架常放置在所展示的商品的销售区域附近以起到突出商品的点睛作用，有时也可设于公共空间中以吸引顾客，其尺寸规格依所陈列展示的商品不同而不同，可置于地面和柜台上，可与灯光照明相结合，增强感染力。若为落地式，其下半部70～80mm的空间可作广告宣传或储藏使用。商品的展示高度应符合人站立时的视觉范围。

四、卖场的服务空间

营业厅中的服务空间内设有一些附属设施，分为顾客用附属设施和特殊商品销售需要的设施，它们在商品销售及提高环境质量、满足顾客需求方面具有重要作用。

（一）顾客用附属设施

大中型百货商场内，应设卫生设施、信息通讯设施及造景小品等，包括座椅、饮水器、废物箱、卫生间、问讯服务台、电话亭、储蓄所、指示牌、导购图、宣传栏、花卉、水池、喷泉、雕塑、壁画等内容，以满足顾客购物之外的精神需求，延长顾客在商场中的逗留时间。如果为增加营业面积而取消顾客用附属设施的设置，会使卖场空间环境质量下降，连带使营业额降低。如图3-93，德国柏林卖场楼梯处的陈列设计。

1. 问讯服务台

问讯服务台的主要功能为接受顾客咨询，为顾客指点所需商品的部位，进行缺货登记，服务质量投诉及提供简单的服务项目，如失物招领，针线雨具出借等。问讯服务台的位置宜接近顾客的主要出入口但又不应影响客流的正常运行。如图3-94，瑞士苏黎世某商场的问讯台设计。

图 3-93　德国柏林某商场楼梯处的陈列设计

图 3-94　瑞士苏黎世某商场的问讯台设计

2. 卫生间、等候区

一个购物中心的好坏，不仅仅只表现在它的建筑是否雄伟、壮观和漂亮，商品是否丰富，服务是否周到，功能是否齐备等方面，更表现在它的运营管理思想中人性化关怀是否足够。

成功在于细节，人性化的关怀也在于细节。卫生间是每个购物中心必备的。但香港购物中心的洗手间的细节设计就充分体现了管理者的人性化关怀和服务理念。如 APM 购物中心在洗手间导向指示牌上还附上了所有楼层，让顾客明晰在偌大的购物中心内自己身处何处。在洗手间的外面设有等候区，等候区设有精致、典雅的石凳，让陪同来的朋友、家人有地方休息。购物中心为了创造愉悦的消费感受，应始终坚持在细节之处取悦消费者。即使是在厕所的设计上，都应有独到的心思。这从一个侧面反映了商业购物空间的建设精神——简单之处也绝不简单！如图 3-95，瑞士苏黎世某商场的卫生间设计。

图 3-95 瑞士苏黎世某商场的卫生间设计

3. 公用电话

大型商场内可设顾客用公用电话，提高服务质量。电话可结合顾客休息室或服务台统一考虑。营业厅每 1500m² 宜设一处电话位置（应有隔声屏障），每处为 1m²。随着城市中移动电话数量的增多，可适当减少公用电话的设置数量。

（二）特殊商品销售需要的设施

某些商品如服装、乐器、音响、电视机、眼镜等在销售过程中需要使用一些特殊设施帮助顾客挑选，一般商场应配备以下设施以提高服务质量。

1. 展销处

在大中型商场中，时常会有新产品的展销活动或与厂商联合举行促销活动，就需在营销空间中适当辟出部分空间用于展销。因展销处的人流相对集中，展销处的设计应不影响人流的通行，以维持正常的经营秩序。

2. 试衣间

在位于成衣销售部附近，可结合柜架布置划分出试衣空间或独立设置试衣间。男女应分设，用轻质材料作隔断，室内设有镜子、简易座位、挂衣钩，其空间尺寸应考虑人在试衣时的活动范围。

3. 试音室

在选购乐器、录音机、唱片、音响、电视机等商品时，为便于顾客了解商品的音质、音色，在销售柜架附近应设独立的试音室，避免营业厅其他空间的干扰，并采取适当的隔声措施，其面积不应小于 2m²。或在销售商品附近设置听音架用耳机收听，既节省了服务空间又可避免相互干扰。

4. 暗室

在照相器材和眼镜部附近应设有暗室，供业务操作和配镜验光之用。

5. 维修处

维修处用于检修钟表、电器、电子产品等，其用地面积可按每一工作人员 6m² 计。维修处可与销售商品的柜台结合，根据商场大小，辟出若干柜台用于维修。

五、卖场的休闲空间

（一）休闲空间的分类

随着社会的发展，商场已不仅仅是商品买卖的场所，而越来越被开发出商场基本营销功能之外的功能要素——休闲，即在满足物质要求的同时，注重满足顾客的精神需求，体现出人性化的特点。商场的休闲空间是对消费者身体和情绪的一种调节。商场的休闲空间可分为休息、娱乐、餐饮、健身、文教等。每个休闲空间又可细分出许多不同功能的空间，如餐饮类可分出中式快餐、西式快餐、风味小吃、冷热饮、咖啡厅、茶室等；娱乐类可分出电子游戏、各种棋牌、供儿童使用的游乐场及为老年人服务的书场等；健身类可分出台球、保龄球、按摩、徒手健身、简单器械健身等；文教类可分出书店、报刊阅览、绘画、书法、手工艺品、雕塑作品展销等。这些休闲空间的设置适应了不同顾客的需要，使顾客在购物的过程中得到休息、娱乐，调节了身心，文化设施的设置能使商场具有文化气息，提高了商场的品位。同时购物之外的多种功能空间，能延长顾客在商场内的逗留时间，继而增加营业额。如图 3 - 96，德国柏林某商场的麦当劳餐厅设计，延长了顾客在商场的逗留时间，聚集了人气。

图 3 - 96　德国柏林某商场的麦当劳餐厅设计

（二）休闲空间的设计

商场内的休闲空间依托于商场，与独立的相应功能的建筑特点有所不同。商场的各休闲空间内人流流动较快，相对时段短，应注意人流的及时疏散。室内的空间环境宜雅致清爽，色彩以中性色或稍冷的调子为主，切忌明度、纯度很高，色彩过于繁杂。商场中休闲空间的设计应根据其规模、环境、经营理念等因素进行综合考虑。若同时设置多个不同功能的休闲空间，应注意动静分区及其与商场的关系。对于可能产生较大噪声的休闲空间，应采取相应的隔声措施，避免对商场的其他空间产生干扰。餐饮类休闲空间应注意厨房的位置。休闲空间在商场中的位置常见于顶层，也可设置在商场某一层的适当位置，一般在周边，辟出小面积的休闲空间与商场相连通，这样的休闲空间一般为纯休息空间或较安静的冷热饮、茶室等空间。商场中的休闲、餐饮、娱乐、文化设施常与中庭结合。在中庭设置展示场所如汽车展、住宅模型展等长期展览；也有如化妆品现场使用示范、婚纱摄影等产品和公司推介的临时性展示宣传；此外，还有快餐、冷热饮、游戏、小型儿童活动场所等。人们在购物间隙，以愉悦的心情享受着环境和服务，中庭成为满足人们多方面需求的交往空间。如图 3 - 97，德国柏林某餐饮卖场的设计。

图 3 - 97　德国柏林某餐饮卖场的设计

六、卖场的无障碍设计

商场作为社会服务性建筑，应尽可能使所有群体均能享受到同样的服务。残障人群作为弱势群体，应和正常人一样享受平等的社会服务。商业建筑的无障碍设计，为残疾人提供了方便，体现着对他们的关怀与尊重，同时也体现着社会的文明程度。考虑到我国目前的经济水平和残疾人状况的差异，我国商场的无障碍设计应首先实施于利用率最高的大型商业建筑，并主要针对那些尚能自己行动，但受环境障碍影响较大的肢体残疾者和视力残疾者，同时为老年人、孕妇、儿童及临时性伤残者提供方便。如图 3 - 98，日本东京表参道楼梯的无障碍设计。商场的无障碍设计主要体现在以下几个方面。

图 3-98　日本东京表参道楼梯的无障碍设计

（一）坡道、楼梯、台阶和电梯

商场内应尽量避免高差，有高差处在设置阶梯的同时，应设置供轮椅通行的坡道和残疾人通行的指示标志，供轮椅使用的坡道的宽度可视环境而定，净宽不应小于 0.9m。休息平台的深度不应小于 1.2m。坡道转弯时应设休息平台，休息平台的深度不应小于 1.5m。长度超过 9m 时，每隔 9m 要设置一个轮椅休息平台。在坡道的起点及终点应留有深度不小于 1.5m 的轮椅缓冲地带。坡道两侧应在 0.9m 高度处设扶手，两段坡道之间的扶手应保持连贯。坡道起点及终点处的扶手，应水平延伸 0.3m 以上。坡道侧面凌空时在栏杆下端宜设高度不小于 0.5m 的安全挡台。供挂杖者及视力残疾者使用的楼梯不宜采用弧形楼梯，梯段的净宽不宜小于 1.2m，不宜采用无踢面的踏步和突缘为直角形的踏步，踏步面的两侧或一侧凌空为明步时，应防止拐杖滑出，明楼梯下需设栏护空间。

梯段两侧应在 0.9m 高度处设扶手，扶手宜保持连贯。楼梯起点及终点处的扶手，应水平延伸 0.3m 以上。供挂杖者及视力残疾者使用的台阶超过三阶时，在台阶两侧应设置扶手，台阶扶手做法与楼梯扶手相同。扶手应安装坚固，应能承受身体重量，扶手的形状要易于抓握。扶手截面尺寸应符合规范的规定。坡道、走道、楼梯为残疾人设上下两层扶手时，上层扶手高度为 0.9m，下层扶手高度为 0.65m。

多层营业厅应设置可供残疾人使用的电梯。电梯候梯厅的面积不应小于1.5m×1.5m，电梯门开启后的净宽不得小于0.8m，入口平坦无高差。电梯轿箱面积不得小于1.4m×1.1m。厢内设1m高的水平扶手，按钮上刻盲文。肢体残疾及视力残疾者自行操作的电梯，应采用残疾人使用的标准电梯，并应接近出入口。出入口、踏步的起止点和电梯门前，宜铺设有触感提示的地面块材。轿厢内设音响器，报告所到层数，方便盲人使用。

（二）通道

商场中柜架间的通道通过一辆轮椅的走道净宽不宜小于1.2m。通过一辆轮椅和一个行人对行的走道净宽不宜小于1.5m。通过两辆轮椅的走道净宽不宜小于1.8m。走道尽端供轮椅通行的空间，因门开启的方式不同，走道净宽不应小于规范规定的尺寸。主要供残疾人使用的走道两侧的墙面，应在0.9m高度处设扶手，走道转弯处的阳角，宜为圆弧墙面或切角墙面，走道两侧墙面的下部，应设高0.35m的护墙板，走道一侧或尽端与地坪有高差时，应采用栏杆、栏板等安全设施。走道四周和上空应避免可能伤害顾客的悬突物。营业厅内通路及坡道的地面应平整，地面应选用不滑及不易松动的表面材料。

（三）出入口、门

为方便残疾人，至少要有一个出入口可平进平出，不设台阶和门槛，或者设置坡道及扶手。出入口应设在通行方便和安全的地段，其内外应留有不少于1.5m×1.5m平坦的轮椅回转面积。设有两道门时，门扇开启后应留有不小于1.2m的轮椅通行净距。公共场所最好使用自动门，供残疾人通行的门不得采用旋转门，不宜采用弹簧门。不能设自动门时，采用平开门时也应做到开得快，关得慢，保证行动迟缓的老年人和残疾人安全进入。门扇开启的净宽不得小于0.8m。门扇及五金等配件应考虑便于残疾人开关。门的两侧都应安装棒式拉手，平开门的开关以肘式为好。原则上平开门向室内开、双向开或外向开时，要保证都能看到对面，以免相撞。必要的地方，门前设置盲道，装音响指示器。公共走道的门洞，其深度超过0.6m时，门洞的净宽不宜小于1.1m。

（四）柜台

商业建筑中，柜台的设计也要考虑残疾人的特殊需要，专用柜台应设在易于接近的位置上。应为轮椅使用者设低柜台，台面要尽量薄，下部凹入，留出保证腿部伸入的空间，以便于轮椅停留，使身体能靠近柜台。盲人应通过盲道能被引导至普通柜台。

（五）卫生设施

应设置供残疾人使用的卫生设施。应满足乘轮椅者进出，坐式马桶、洗脸盆等均能方便乘轮椅者靠近和使用。公共厕所应设残疾人厕位，厕所内应留有

1.5m×1.5m 的轮椅回转面积，应安装坐式大便器，与其他部分之间宜采用活动帘子或隔间加以分隔，隔间的门向外开时，隔间内的轮椅面积不应小于1.2m×0.8m，男厕所应设残疾人小便器，在大便器、小便器临近的墙壁上应安装能承受身体重量的安全抓杆，抓杆直径为30～40mm。

（六）标志

在安全出口、通道、专用空间位置处应设置国际通用标志牌以指示方向。标志牌是尺寸为 0.10～0.45m 的正方形，其上有白色轮椅图案黑色衬底或相反，轮椅面向右侧。加文字或方向说明时，其颜色应与衬底形成鲜明对比。所示方向为左行时，轮椅面向左侧。

本章 同步实践练习

一、问题与思考

1. 购物空间各界面和配套设施装饰设计的原则与要点是什么？

2. 室内照明设计除了应满足基本照明质量外，还应满足几方面的要求？照明应用中的技巧有哪些？

3. 售货现场布置形式及特点是什么？

4. 商场的无障碍设计主要体现在几个方面？

二、作业

1. 分析某城市大型商城的空间设计，针对卫生间及休息区做出人性化设计。5 张草图，1 张正式效果图，A4 大小。

2. 以某商场化妆品柜台为题，设计出 2 种不同的空间组合方式。A4 大小。

第四章

商业购物空间的室外设计

商业购物空间设计的成败要根据各项设计要素是否得到满足来衡量判断。商业购物空间外部设计的主要内容包括空间选址与空间外观设计等方面。选址是商业购物空间立项及筹建时应考虑的首要问题，好的地点等于成功的一半。而商业购物空间的外观则将给人第一印象，代表着商业购物空间的形象。所以，商业购物空间成功的选址与外观设计是商业购物空间成功设计的先决条件。图4-1为日本大阪时尚商业街地处机场和市区交界，超大的停车场吸引

图4-1　日本大阪时尚商业街

了许多游客。

第一节　商业购物空间外观设计的概念

"酒香不怕巷子深"的古老经商哲学已受到越来越多人的质疑。现代商业购物空间设计越来越重视空间所在的地理位置的研究，包括对附近商业环境、交通状况、顾客消费能力、竞争店情况、自然环境等各个环节的综合考虑和理性分析。

一、选址考虑因素

影响商业购物空间选址的因素很多，其中城市商业条件因素、店铺位置条件及店铺本身因素等是主要因素。

（一）城市商业条件因素

人均收入水平、商品供应能力、交通运输条件、技术设施状况及人们的消费习惯、消费观念都对商业购物空间的经营有直接影响。这里所指的城市商业条件包括以下方面。

1. 城市类型

商业购物空间所在城市类型，是否属于工业城市、商业城市、中心城市、旅游城市、历史文化名城或是新兴城市；所在城市规模，是否属于大城市或是中等规模城市或是小城市。

2. 城市能源供应及设施情况

能源主要指水、电、天然气等经营必须具备的基本条件，城市的公共设施是否完备也会影响到对消费者的吸引力。

3. 交通条件

这里的交通条件是指整个城市的区域间及区域内的总体交通条件。

4. 城市规划情况

城市规划情况是指城市新区扩建规划、街道开发计划、道路拓宽计划、高速或高架公路建设计划、区域开发规划等，这些因素都会影响到商业购物空间未来的商业环境。而且区域规划往往会涉及商业购物空间的拆迁和重建。如选址不当，商业购物空间也许会因此失去原有的地理位置，甚至面临拆迁，例如有的商业购物空间在选址时未对城市及区域规划情况做必要的了解，结果开张不久由于购物空间前面的道路拓宽，原先的停车场被迫取消，从而失去了很多驾车的老顾客。

5. 地区商业经济

地区商业经济的增长情况，以及不同类型的各地区的商业发展的方向、经济增长的模式等。

6. 消费者因素

消费者因素包括人口、收入、家庭组成、闲暇时间的分配、外出就餐的频率、消费习惯、消费水平、饮食口味及偏好等。

7. 旅游资源

这一因素主要影响过往行人的多少、游客的种类等。因此对旅游资源一定要仔细分析，综合其特点，选择恰当的位置及商业购物空间经营的商品种类。

8. 劳动力情况

劳动力情况是指对当地劳动力的来源、技术水平、年龄和个人可用性的考虑。

（二）商业购物空间的位置条件

1. 街道类型

需要考虑空间所在街道是主干道还是分支道，人行道与街道是否有区分，道路宽度，过往车辆的类型以及停车设施等。

2. 客流量和车流量

这个因素是指商业购物空间前面通过的客流量及车流量的估计值，其中分析客流量还应注意按年龄和性别区分客流量，并按时间区分客流量与车流量的高峰值与低谷值。

图 4-2　大阪心斋桥购物中心是日本最繁华的商业区之一

3. 地貌

地貌是指商业购物空间所在位置表层土壤和下层土壤的情况。例如坡度和表层排水特性都是一个地区购物空间选址的重要考虑因素。

4. 地价

虽然一个店址可能拥有很多满意的特征，但是该区域的地价也是一个不可忽视的重要因素。

5. 区域设施的影响

分析经营区域内的其他设施会对商业购物的经营情况产生重要的影响，这些设施包括学校、电影院、歌舞厅、写字楼、体育设施、交通设施和旅游设施等。

6. 竞争

对于竞争的评估可以分为两个不同的部分来考虑。提供同种类型的商品服务的购物空间可能会导致直接的竞争；但是另一方面竞争店的存在对整个商业圈的繁荣也会起到促进作用，这就是人们所指的"商圈共荣"。例如在天津滨江道上相隔不到 200 米的距离内，坐落着两家规模相当、装修颇富日本特色的商店。这两家同一定位的商场在选址上采用了"扎堆"的思路。这种选址方式利于原料储藏、人员调配及管理，追求"共荣"效应。

（三）商业购物空间本身条件

1. 店铺的租金及交易成本

店铺的租金以及交易成本都是决定商业购物空间选址的重要因素。

2. 店铺的停车条件

自从驾车前来购物的客人越来越多，良好的停车场所也被列为购物空间经营的必要条件。

3. 原料进货空间

对商业购物空间来说，原料进货空间的充足同样也是选址时需要考虑的一个重要因素。

4. 店铺安全性及卫生条件

这一因素是指购物空间店铺的安全性、防火及垃圾废物处理条件。

5. 商业购物空间可见度

商业购物空间可见度是指卖场位置的明显程度。要考虑是否客人从任何角度看，都能获得对商店的感知。可见度是由从各个方向驾车或徒步行走两方面进行评估。商业购物空间的可见度直接影响商店对顾客的吸引力。

6. 商业购物空间规模及外观

商业购物空间位置的地面形状以长方形及方形为好，土地利用率更高。在对地点的规模及外观进行评估时也要考虑到未来消费的可能。

二、商业购物空间外部设计的原则和发展趋势

商业购物空间的视觉形象及外观就像商店的脸面，最引人注目，也容易给人留下深刻的印象。虽然商业购物空间的门面装饰不能改变购物空间内产品的性质，不能对经营状况起决定作用，但实际上对商业购物空间起着很大的宣传作用，能直接刺激顾客的购买欲望，吸引顾客进入商场。商业购物空间的外观是销售的前奏曲。因此，结合各种装饰技巧、构思设计与众不同的外观形象，会具有强烈的吸引力，是购物空间内得以取胜的关键的一步。

（一）商业购物空间视觉形象的设计原则

如今的商业购物空间经营越来越重视视觉系统的开发，而视觉形象在商业购物空间的整个卖场形象中占重要地位。对商业购物空间而言，视觉系统开发应注意下述原则。

1. 简洁、深刻

视觉系统设计的目的是要社会大众认识、了解并记住商场及其产品，所以视觉系统所设计的标识等内容应该是简洁明快，而不是繁琐复杂。商业购物空间的设计必须能传达商场的理念，因此在设计时应首先了解商场的定位及理念，然后运用点、面、线及色彩来巧妙的体现和表达。如图4-3为瑞士苏黎世商业街区时尚手表店铺的外檐设计。

2. 生动、独特

视觉系统是一种无声的语言，它只有具有较强的感染力，才能在众多形象中脱颖而出，为大众所关注。如图4-4为德国慕尼黑商业街区时尚运动店铺外檐的Logo设计。

3. 美感、人情味

视觉系统的设计过程是一种艺术创造过程，顾客进行识别的过程同时也是审美的过程。所以空间设计在考虑功能的同时必须符合美学的标准。注意比例与尺寸、统一与变化、对称与均衡、节奏与韵律、调和与对比以及色彩的情感与抽象的联想等。

（二）商业购物空间外部设计的发展趋势

随着时代的发展，人们对于商业购物空间的使用要求和审美要求越来越高，反映在购物空间外部的设计中，有以下几种发展趋势。

1. 人本主义的体现

现代商业购物空间设计中人本主义的思想的表达越来越明显，具体表现在以下方面。一是现代商业购物空间更为敞开与通透，以适合现代人开放与向往

图 4-3　瑞士苏黎世商业街区时尚手表店铺的外檐设计

交流的心理。因此，商业购物空间采用了大量通透的材料和金属镜面材料，并利用宽敞的门廊、大型雨篷、台阶、休闲广场等设施来扩大过渡空间，创造出一种内外渗透、层次丰富的开放式环境。二是现代商业购物空间的陈设尽可能的满足顾客休闲和观赏的要求。近年来建造的大型公共商业购物空间，其入口前一般都设置休闲广场或庭院，栽种绿植，布置盆栽，设置水景，安放凳、椅、遮阳篷等设施，以提供人们休憩、小饮、观景等空间。三是雕塑、景观小品的设置，加强了人与商业购物空间的亲和力。四是现代购物空间提供了更为便捷的交通网络，如多层面的布局设计为人们出入购物空间提供了极大的便利。如图 4-5 为瑞士苏黎世商业街区时尚店铺外檐的雨篷设计。

图 4-4 德国慕尼黑商业街区时尚运动店铺外檐的 Logo 设计

图 4-5 瑞士苏黎世商业街区时尚店铺外檐的雨篷设计

2. 环保意识的加强

现代城市中，人们的环保意识正在不断加强，体现在商业空间设计中主要包含两方面的内容：一方面是不断地研制无毒、无害的环保型"绿色"建材，竭力创造一种"无公害"的环境方向。另一方面大力提倡"将自然引入商业购物空间"的设计思想。大量利用绿化和水景来柔化商业购物空间的环境，以及大量利用草地和铺装相结合的方法来美化入口环境，已成为当前流行的设计手法。如图4-6所示为日本东京表参道商业街区的绿化设计。

图4-6　日本东京表参道商业街区的绿化设计

3. 新材料的运用

随着高科技的发展，一些性能更为优良、外观更为美观的商业购物空间材料、装饰材料大量投入使用，它为商业购物空间设计、装饰设计创作提供了新的途径，使过去在结构上无法实现的设计思想成为现实。图4-7为日本东京表参道商业街区店铺的外檐设计。

4. 审美情趣的演变

人们的审美情趣是文化内涵的表露，通常体现着时代、民族、地域的特征，是人们文化素质的集中表现。

随着中国人总体文化层次的提高和东西方文化的广泛交流，中国人的审美情趣发生了潜移默化的改变。当今是一个信息的时代，各种文化交融在一起，

图4-7　日本东京表参道商业街区店铺的外檐设计

因而现代中国人已不满足于某种单一的文化表象，而是将现代与传统、东方与西方、各个地域的文化特征兼收并蓄，广泛地交融在一起，形成了一种新的多元的文化内涵和审美倾向。而在商业购物空间的外部设计中这种倾向也表现明显。如图4-8所示日本东京表参道商业街区中华料理店铺的外檐设计。

图4-8　日本东京表参道商业街区中华料理店铺的外檐设计

三、建筑外檐的视觉作用

建筑的主入口应设计醒目标志，使其成为人流集中和各类活动的焦点。

为吸引人流汇聚，购物中心都各出奇招。我们在研究当中注意到，购物中心能在三个层面上构成对消费者的吸引。第一个层面是建筑的天际轮廓线，可以用一根线条来表述。第二个层面是中观层面的感知，如立面和主入口的设计。第三个层面是微观层面的感知，如细部和材质的运用等。在这三个层面当中，中观层面的感知对人流的吸引和接纳，起着承前启后的作用，其中主入口是否有独特的造型和醒目的记忆符号，则是中观层面感知的关键元素。

香港的购物商场在主入口的设计上，充分体现了一个国际化大都市的气质。如位于铜锣湾的时代广场，设置在主入口露天广场处的大钟和大型电视屏幕，不仅成为时代广场的标志，更成为香港购物中心的标志之一。时代广场由"Times Square"英文字母构成的古式方形时针，时针永远凝固在十点十分这个据说最标准、最神秘而又最具美感的时间坐标上。海港城在主入口处设有大型电视屏幕。这里经常成为香港政府举办各类大型活动的主要场所。旺角的朗豪坊，则在主入口处设置了一个极具抽象艺术气息的雕塑，就像是一位狂放的欢迎者，据说是由美国著名现代艺术家拉瑞贝尔（Larrybell）在美国以外的首个雕塑作品。香港购物中心乐于在主入口处设计醒目的标识，其目的在于形成该购物中心独有的记忆符号，并促进人流集中，使这里成为人流集中和各类活动的集点。

第二节　商业购物空间外部设计的方法

商业购物空间入口的大小尺度是根据购物空间的体量、人流、车流的大小来设定的。商业购物空间入口的位置可设在商店的不同部位，如商店立面的中部、商店立面的拐角处、商店立面的边部、商店平面的端部等。另外，入口还可设在商店的不同标高处：如地下室、底层、二层、三层等。不同大小、不同部位的商店入口其形态是不同的。一般情况下，商店入口的数量、位置、大小等在商店建筑设计时已作考虑，本书不作赘述。

一、不同形态的入口与门头

根据入口与门头的形态可将其分成平面型、凹入型、凸出型与跨层型四种；根据建筑设计的阶段区分，可将其分为与建筑设计同步完成的本体型入口，以及在建筑设计之后再二次设计的重构型入口。

（一）平面型

这种类型的入口与门头的立面与建筑的立面基本处于建筑平面的同一轴线位置上，一般呈平面型，这种形态往往能保持建筑外墙的整体感和立面构图的简洁性。在建筑立面与规划红线靠近的情况下，通常采用这种类型的入口与门头，如大部分临街的小型商店，参见图 4－9 日本东京表参道商业街区服装店的外檐设计。

图 4－9　日本东京表参道商业街区服装店的外檐设计

（二）凸出型

这种类型的入口与门头设计在形态上凸出于建筑物的外立面。如图 4－10所示日本东京表参道商业中心日式料理店铺的入口特色设计。

（三）凹入型

这种类型的入口凹入于建筑外立面之内，通常将入口的构造与建筑构造融为一体，以内凹的虚空间与建筑外立面形成鲜明的形体和光影的对比，给人以丰富的空间层次感。当大型公共建筑的外立面与规划红线紧靠时，一般采用这种类型的入口。

另外，一些现代大型建筑为了取得一种特殊的文化含义或一种震撼的视觉效果，也常采用这种类型的入口。如图 4－11 所示日本东京表参道商业中心购物中心的入口设计。

图4-10　日本东京表参道商业中心日式料理店铺的入口特色设计

图4-11　日本东京表参道商业中心购物中心的入口设计

（四）跨层型

有的商业购物空间的入口与门头跨越数层，形成立体形交通网或大面积的门头装饰，这种跨层型的入口与门头一般适用于大型公共建筑。这种类型的入口可以使建筑内外的交通更为便捷，同时也使建筑立面的造型更为丰富。如图4-12为日本东京银座商业中心时尚购物商场的入口特色设计。

图4-12　日本东京银座商业中心时尚购物商场的入口特色设计

二、不同设计阶段形成的入口与门头

（一）本体型

有的建筑在设计时对下部数层的使用功能已明确，或者整幢建筑的使用功能较为单一，它的入口就可以在建筑设计时一次性形成，这种入口称为本体型入口，其形态、色彩、材质等都是建筑本体的有机组成部分，因此在视觉上容易与建筑本体形成统一的整体感。

本体型入口严格说来又可分为以下两种形式：一种是靠本体的受力结构来构筑形态，它以暴露内在结构，或者以超常的体量与尺度来展示震撼人心的效果。

另一种是由建筑的实体界面围合形成的敞开型入口，它的特点是利用围合空间作为形态处理的重点，而将界面的表层处理放在其次。

这种类型的入口在形态上有拱形、弧形、矩形等，在尺度上有符合人体常规尺度的，也有与建筑尺度相吻合的非人体尺度的，在空间序列上有内外空间分明的，也有内外空间互相渗透、交叉的。

总体来说，本体型入口体现了以下四种特征：（1）入口的形态作为建筑的一个局部，与建筑的整体关系紧密结合。（2）入口的形态展示了建筑结构和构造的形式。（3）入口的形态展现了建筑本体空间或环境空间的序列性。（4）入口的平面关系反映了建筑功能的合理性。通常状况下，这四种特征都同时反映在建筑的同一入口上。

（二）重构型

在有些建筑设计时，因下部数层的使用功能未确定，故入口与门头无法深入考虑。还有些建筑虽然已有了入口与门头，甚至是较完美的入口与门头，但是因为建筑内部的使用功能发生了变化，而入口与门头无法表达建筑内部的功能特征。这一些建筑的入口与门头均需在使用功能明确后进行重构性二次设计，即形成重构型入口。

重构型入口主要有以下几个特征：（1）重构型入口的建筑结构与重构的结构或构件可以分开，也可以合而为一。（2）建筑结构与重构结构构件的可分可合决定了入口的形态随功能的改变可以不断地变化，从而使入口具有很大的适应性。（3）重构型入口更多地通过符号来表达某种含义。这类符号包括以下三种：图像符号、提示符号和象征符号。有些图像符号以具体的图像显现，它具有间接或含蓄表示含义的效果。提示符号中除雨篷、门标外，商场标志也是一种很重要的元素。象征符号则具有约定俗成的象征意义。图4-13所示即为在原建筑基础上设计的重构型入口。

图4-13　在原建筑基础上设计的重构型入口

三、商业购物空间外部设计的若干因素

（一）建筑功能特征的体现

建筑内部的功能与性质是入口与门头形态设计时首先要分析研究的重要因素。内部功能不同的建筑物对入口与门头的形态要求是不同的。商业店面入口

与门头的形态语言带有强烈的商业气息和吸引顾客的意图。

另外，有些建筑的特殊使用功能也要求入口与门头有一些特殊的形态与环境。如人、车流量较大的建筑要考虑多个入口或建成立体交通网来疏散与缓解人流、车流，大型公共建筑入口与门头要设置较大的雨篷来满足停车、回车和人们上下车的需要等。总之，在大力提倡"人性化设计"的现代社会中，一切符合人的需求的功能在设计中都应视之为必要的。

（二）建筑形态的制约

商业购物空间的入口与门头是在建筑本体存在的前提下产生的。因此，建筑本体的形态应是入口与门头形态的母体。在设计入口与门头时，应注意与建筑本体的关系。处理这种关系在不同的情况下有下面三个原则。

（1）依照"和谐为美"的设计原则，强调整体的统一感。

（2）采用对比方式来突出入口的位置或强调入口的力度。

（3）在某种特定的场合下，如在旧建筑上改建的商业店面等，入口与门头的设计可以不顾原有的建筑形态而主要依据自身的要求确定。

（三）周围环境的分析

建筑周围的地形地貌、道路模式、空间环境、气候风向等一系列环境因素，也是影响入口与门头设计的因素之一。如在城市中紧临道路而建的大型建筑，必定要远离规划红线，使入口处留出充分的空地作为缓冲空间使用，或将入口、门头设计为内凹型。

如建筑前空地较大，其入口除设置广场外还可布置宽大的雨篷、门廊等，以满足交通、休闲等功能的需要，并可丰富入口的形态与层次。在有高差的地形中，建筑因势而就，其入口也应立体布置成多个入口以利人、车的出入。气候与风向是考虑入口是否要增加遮蔽构件的因素。处于热带地区的建筑，其入口常设计成白色且宽大深远的门洞，是出于反射日光、通气遮阴的需要。而寒冷地区的建筑入口常采用双道门并采用深色是出于对保暖避风的考虑。

（四）文化特征的表现

不同的时代、不同的地域、不同的民族有着各不相同的文化特征，人们对于不同的建筑入口与门头的功能要求与审美情趣千差万别。在设计建筑入口与门头时，要充分考虑到这一重要因素。对于不同的建筑入口应施以不同的文化内涵，只有这样，才能设计出高品位、有个性特征的入口与门头。不同的历史时期，人们的审美观是不同的。在古典的传统理念中，"和谐为美"一直被奉为设计和审美的原则，而现代人则较易于接受个性美的准则。不同地域的人们对建筑的审美风格各不相同。在中国，受历史传统影响，大多数人喜爱庄重、大气的建筑风格，传统建筑是以富丽堂皇的"皇家气"为美，建筑门头上的琉璃、斗拱、彩画成为普遍的装饰。

（五）建筑经济的投资

建筑需要大量的资金投入，建筑入口与门头也同样如此，其规模的大小、材料的选用、装饰构件的制作、工艺技术的水平等无一不涉及资金数额的多少。我国目前还是一个发展中的国家，建设资金仍然匮乏，因此，在满足基本功能以后，一味地追求外表的豪华气派而不切实际地耗费大量的资金的做法是不可取的。

（六）政策法规的限制

与母体建筑一样，商业购物空间的入口与门头也受制于各种建筑管理的法规与政策，在设计前应充分考虑这个因素。《民用建筑设计通则》严格规定：建筑物不得超出建筑控制线（建筑红线）建造，并且要在周边留出消防用的通道和设施。在人员密集的电影院、剧场、文化娱乐中心、会堂、博览会、商业中心等建筑中，至少要有两个不同方向的通向城市道路的出入口，而主要出入口应避免直对城市主要干道的交叉口。主要出入口前面要留有供人员集散用的空地，空地的面积应根据建筑的使用性质和人数来确定。

在门头的设计中，应该注意到《民用建筑设计通则》中的严格规定，在人行道的地面上空 2m 以上方能有建筑突出物，且突出宽度不应大于 0.4m；2.5m 以上允许有突出的活动遮阳，突出宽度不应大于 3m；3.5m 以上方能允许有雨篷、挑檐，突出宽度不能大于 1m；5m 以上允许雨篷、挑檐，突出宽度不能大于 3m。

另外，有些特殊性质的建筑还有各种特殊的规定，在此不一一赘述，设计者应针对具体设计项目尽可能详尽了解各种规定和政策并认真执行。

（七）结构形式的确定

商业购物空间入口与门头的设计离不开建筑结构设计的配合。特别是加建的重构型门头，更是应该考虑建筑结构问题。

在入口与门头的设计中对结构问题的考虑主要是两个方面：

（1）采用什么样的结构形式解决门头、门廊、雨篷等构筑物的受力问题，是悬挑结构，还是支撑结构？

（2）门头、门廊、雨篷等构筑物的形态在结构上是否合理，有无实施的可能性？

这些问题应该通过结构师进行结构计算和结构设计方能解决。

（八）构造方法的选择

一个完美的商业购物空间入口与门头设计需要选择合理的构造方法。一个成熟的建筑设计师、装饰设计师应该娴熟地掌握建筑构造、装饰构造的知识。诸如各种材料之间如何连接，各种材料的固定方法，各种饰面材料的性能等，所有这些问题设计师都必须做到心中有数、运用自如。

另外，由于新型建筑材料、装饰材料的不断产生，设计师必须不断地认真学习并研究新材料的性能并设计出新的建筑构造与装饰构造。

四、商业购物空间入口与门头的构成元素

商业购物空间入口与门头的构成元素包括门、雨篷、廊、入口空间与环境小品。

（一）门与周边的界面

不同功能、不同体量以及不同风格的建筑入口，所选择的门的形式可以多种多样，如平开门、移动门、折叠门、弹簧门、伸缩门、转门、玻璃门、金属门等。各种不同材质的门给人带来的视觉感是不同的。实体的门突出表现了材料本身的色彩、肌理、光泽等特性，而透明的门除表现自身的材料特性外，在视觉上还将室内、室外的景观联系起来，使之相互渗透，形成丰富的层次感。图 4 - 14 所示为门与周边的界面入口设计。而与门相连的周边的界面也可用不同的材料制作，以形成通透与不通透的两种视觉效果。

图 4 - 14　门与周边的界面入口设计

设计时应充分考虑入口的功能与形态的需要，合理选择门的尺寸、形式、风格，以及门与周边界面的材料。

（二）雨篷、门廊

雨篷的作用是为了在入口处形成一个遮蔽的空间。在雨篷边沿处设柱即形成了门廊，给人们在转换室内与室外场所时提供一个必要的缓冲地带，以便停车、等候等。雨篷出挑的距离受以下三个因素的影响：

（1）建筑的体量与形态的要求。建筑的体量大，雨篷的尺度也应大；建筑的体量小，雨篷也应相应偏小。

（2）根据城市建筑的红线而定。如建筑红线内有足够的空间，则可以做悬挑较长的雨篷，反之则不能。

（3）雨篷与门廊在入口与门头的设计中可创造出多种形式，而多种形式的雨篷、门廊通常被处理成一种具有文化内涵的符号，这些符号往往就成为表达建筑文化、装饰文化的主要元素。参见图 4-15 瑞士苏黎世沿街店铺雨篷的设计。

图 4-15　瑞士苏黎世沿街店铺雨篷的设计

（三）入口空间

入口是一种过渡空间，它包含了诸如雨篷、门廊下所形成的空间，也包含了广场、庭园等外围空间。

建筑外围空间的范围是入口与建筑规划红线之间所形成的空间。这个空间的大小是由建筑的不同性质、各种规范的不同要求所决定的。如对于进出的人流、车流量较大的建筑，入口空间可设置多种通道以提供人、车分流；对于需要停车功能的建筑，入口空间可用来设置停车场；对于大型商场或大型行政办公楼，入口空间也可以作休闲广场以满足人们停留、休憩、观景的需要；较小的空间可用来设置小型庭园，形成与街道完全不同的景观来实施内外空间的转换。图4-16为日本东京银座商业中心时尚购物商场的入口特色设计。

图4-16　日本东京银座商业中心时尚购物商场的入口特色设计

（四）环境小品与细部

环境小品包括地面铺装、休闲设施（桌、椅、凳、遮阳篷等）、展示的标牌、广告牌、安全设施（护栏、立柱等）、景观小品（雕塑、水景等）、绿化设施（花坛、花池等）、照明设施（灯架、灯柱、地灯等）等。

在现代化大型商业街上，设置地面铺装、坐凳、绿植、照明灯等环境设施，使商业街的形象得以改观，可提高艺术品位，并符合人性化的要求。这些附属设施虽然不是入口的主要构件，但它们设置得当与否，与整个入口的功能艺术品位有着很大的关系，在设计时务必给予重视。图4-17、图4-18分别为德国柏林荷兰人购物街与日本东京银座商业中心时尚购物料理店铺的外檐特色设计，体现各自国家的典型特色风格。为了强调某些建筑的文化内涵，或者为表达某些企业文化，在入口与门头的某些局部可以加强细节设计如CIS形象、标志、标识、图案等。

图4-17　德国柏林荷兰人购物街的特色风格设计

（五）商业购物空间招牌

招牌是商业购物空间十分重要的宣传工具，是商业购物空间店标、店名、造型物及其他广告宣传的载体，是商业购物空间卖场视觉系统的重要传播媒体。它以文字、图形或立面造型指示购物空间的名称、经营范围、经营宗旨、

图 4 - 18　日本东京银座商业中心时尚购物料理店铺的外檐特色设计

189

营业时间等重要信息，是购物空间的门面极具代表性的装饰部分，能起到画龙点睛的作用。设计到位的招牌能把企业的标志、名称、标准色及其组合与周围环境，尤其是与建筑物风格有机地结合起来，全方位地展示给公众。招牌应醒目地显示店名及商场标志。在夜间，还应配以灯光照明。商业购物空间的招牌在导入功能中起着不可缺少的作用与价值，要采用各种装饰方法尽量使其突出。例如用霓虹灯、射灯、彩灯、反光灯、灯箱等来加强效果，或用彩带、旗帜、鲜花等来衬托。

1. 招牌的质地选材

招牌可选用薄片大理石、花岗岩、金属不锈钢板、薄型涂色铝合金板等材料。石材显得厚实、稳重、高贵、庄严；金属材料显得明亮、轻快、富有时代感，如图4－19德国柏林商业中心店铺的特色招牌设计。

图4－19　德国柏林商业中心店铺的特色招牌设计

2. 招牌的文字设计

除了店名招牌以外，一些以标语口号、隶属关系和数字、字母组合而成的艺术化、立体化和广告化的招牌不断涌现。在文字设计上，应注意以下原则。

（1）招牌的字形、大小、凹凸、色彩应统一协调，美观大方。悬挂的位置要适当，可视性强。

（2）文字内容必须与本商业购物空间经营的产品相符。

（3）文字要精简，内容立意要深，并且还需易于辨认和记忆。

（4）美术字和书写字要注意大众化，中文及外文美术字的变形不宜过于花哨。

参见图4－20德国莱比锡商业中心服装店铺的特色招牌设计。

3. 招牌的种类

招牌的种类很多，常见的有以下形式。

图 4-20　德国莱比锡商业中心服装店铺的特色招牌设计

（1）悬挂式招牌。

悬挂式招牌较为常见，通常悬挂在购物空间门口。除了印有连锁商店卖场的店名外，通常还印有图案标记。参见图 4-21 日本东京银座商业中心 SUBWAY 的招牌设计。

图 4-21　日本东京银座商业中心 SUBWAY 的招牌设计

（2）直立式招牌。

直立式招牌是在商业购物空间门口或门前竖立的带有商店卖场名字的招牌。一般这种招牌比挂在门上或贴在门前的招牌更具吸引力。直立式招牌可设计成各种形状，如竖立长方形、横列长方形、长圆形和四面体形等。一般招牌的正反两面或四面体的四面都印有商店卖场名称和标志。直立式招牌不像门上招牌那样受篇幅限制，可以在招牌上设计一些美丽的图案，更能吸引顾客注意。

（3）霓虹灯、灯箱招牌。

霓虹灯和灯箱招牌能使购物空间在夜间更为明亮醒目，制造出热闹和欢快的气氛。霓虹灯与灯箱设计要新颖独特，可采用多种形状及颜色。

（4）人物、动物造型招牌。

这种招牌具有很大的趣味性，使商业购物空间更具有生气及人情味。人物及动物的造型要明显地反映出商店卖场的经营风格，并且要生动有趣，具有亲和力。

（5）外挑式招牌。

这种招牌距商店卖场的建筑表面有一定距离，突出醒目，易于识别。

（6）壁式招牌。

壁式招牌因为贴在墙上，其可见度不如其他类型的招牌。所以，要设法使其从周围的墙面上突出来。招牌的颜色既要与墙面形成鲜明对照，又应相协调；既要醒目，又要悦目。

4. 招牌的位置

招牌的主要作用是传递信息，所以放置的位置十分重要。招牌的位置以突出、明显、易于认读为最佳原则。招牌可以设置在商店大门入口的上方或实墙面等重点部位，也可以单独设置，离开店面一段距离，在路口拐角处指示方向。参见图 4-22 日本东京银座商业中心的指示标识特色设计。

五、商业购物空间入口与门头造型设计的基本方法

入口与门头的造型设计主要从尺度、形态、材料三方面着手。

（一）尺度的选定

尺度是指以参照物为基础形成的一种合适的比例关系。

由于入口处于内外部空间的交界处，因此它同时容纳了与外部空间尺度和人体尺度两部分之间的尺度关系。外部空间的参照物大，与之形成比例的入口尺寸要求就较大，而这个尺寸与人体尺度相比，就觉得不合适。为了调和两者之间的矛盾，在门头中就往往采取"放大"门的方法，即做门楣或在门的上部做另外的装饰构件、装饰面，以此来协调建筑外部形体与门洞的尺度关系。

图4-22　日本东京银座商业中心的指示标识特色设计

入口与门头的尺度选定与建筑物内部的功能也有很大的关系。如一些商业店面、餐厅、娱乐场所的门头尺度往往由于强调商业因素而不与建筑形体的尺度相协调，刻意以大面积的门头作广告来宣传自身的产品。

（二）形态的设计

入口与门头的形态设计是通过风格的选择、形体的组合、细部的刻画这三个方面来实施的。

1. 风格的选择

入口、门头的造型风格与母体建筑的风格相一致仍是设计的基本出发点。但同时，也必须注意到以下三方面的问题。

（1）必须考虑建筑内部的功能。不同功能的建筑物其入口与门头的风格是有所区别的。

（2）当代的建筑领域已形成一种个性化的设计倾向，而高科技材料与技术的应用为这个空间打开了大门，大胆地创新、不断地求异使入口、门头的造型更为仪态万千。

（3）现代建筑风格的特征是愈来愈向多元化的方向发展，入口与门头的风格也是同样。一方面，现代派、后现代主义的风格已被人们所广泛接受。另一方面，传统的民族风格、地域风格与古典风格已逐步与现代化风格相结合，促使了"现代古典化"风格的形成。在这些新的创作手法中，有的是将古典的建筑元素加以抽象，形成符号融入现代风格的建筑中；有的是在现代化的建筑构件中，渗透一种古典元素的风韵，有的是将古典元素与非古典元素组合在一起，创造出一种新奇的形态。

2. 形体的组合

形体组合的方法是将数个几何形体通过解体拼合、交叉咬接等方法构成一个整体的形体。

入口、门头在整个建筑形体中，属于建筑的子形体，属于须服从整体。无论是形成统一关系还是形成对比关系，都不能破坏整个建筑形体的美感。参见图4-23日本东京银座商业中心的外部特色设计。

另外还要注意到，形体组合的视觉感还和观赏的距离有关，设计时应把握形体在不同空间距离中的尺度关系。

3. 细部的刻画

从逻辑上讲，建筑的细部可以使人们更容易认识整体，入口与门头可以看整个建筑的细部，而入口与门头上的细部则是细部中的细部，因此对它的刻画显得更为重要。

入口与门头的细部刻画一般通过以下几种手法进行。

（1）在门头的轮廓部位和形体转折处进行装饰刻画。

（2）在入口空间序列的转折处，强调界面的刻画和设置装饰小品。

（3）对符号进行强化处理，如一些建筑的标识、企业文化的标志、体现某种内涵的形象符号等进行重点刻画，从而加强这些符号的视觉感觉。

（4）在门头的主要立面上，对某些构件、某些符号的反复运用并对它们的形体进行有序排列，从而使入口的立面产生一种节奏和韵律的美感。参见图4-24日本东京银座商业中心的外部特色设计。

（5）在亮化设计时应注意：① 店面被照物的照度应均匀，而门头的照度应加强。② 选择正确的灯光投射位置和角度，以准确地表现设计效果。③ 在确定灯光投射位置和装饰材料时，应避免产生眩光。④ 选择合适的光色组合；用霓虹灯重点勾勒门轮廓、装饰图案、商店名。

图 4-23　日本东京银座商业中心的外部特色设计

（三）材料的选择

入口与门头的材料一般有：金属、木材、石材、混凝土、贴面砖、玻璃、化学有机物等。入口与门头所选用的饰面材料不仅是为满足结构或功能上的需要，更是通过所用材料的质感来创造不同的视觉效果。

材料的质感是通过材料的表层纹理来体现的。不同质感的材料产生不同的视觉感受。粗糙的质感有一种凝重、厚实的感觉；光滑的质感给人以洁净、明快的印象；反光变化显得丰富而又强烈；透明材料给人以明亮、开敞、轻快的感觉；镜面反映物像，使环境显得深远、开阔；镜面石材给人以豪华、富丽、

图 4-24　日本东京银座商业中心的外部特色设计

典雅的感觉；轻金属钢架具有灵秀、有序、飘逸的感觉；不锈钢具有光亮、豪华的效果；木材具有朴实、亲切、传统、典雅的感觉。由于材料质感具有如此丰富的视觉特性，在建筑入口、门头的设计中应该认真地选择材料，以创造更好的入口与门头形态。

　　另外，材料质感给人的视觉效果与人的观赏距离密切相关，应把握以下原则：质感细腻的材料近距离观赏效果好，故应设计在人可以近距离观赏的地方；而质感粗糙的材料远距离观赏的感觉较好，应设计在适合远距离观赏的地方；质感光洁的材料，如金属、镜面等有反光效果的材料，其质感在近、远处都能强烈地感受到，故这种材料的观赏范围可以扩大。

　　在选择入口、门头的材料时，要考虑整体建筑所用的材料。两者之间可以通过对比的关系来突出入口与门头的效果。设计师应根据各个建筑的不同状况进行综合分析而确定。

　　不同的建筑材料，由于它们的质量、硬度、强度和韧性的不同，组成构件的结构形式、构造方式会大不一样。现代社会中，随着高科技与工艺的迅猛发展，一些新型的材料愈来愈多地涌现，这使得现代人不断求新、求异的设计思想得以实现。现代工艺使木制构件更易批量加工，并且外形更为美观。灯箱制作技术的提高也为商店的门头制作开创了一个新天地。

六、各类商业购物空间外部造型设计

各类商业购物空间外部造型会以自己独特的造型、色彩、材质和体量等向人们标明自己的存在。在商业街区的闹市里，店面的设计起到了一种对顾客"请君入内"的吸引效果。在这一方面，大中型商场特别是那些超级规模的商业中心无疑具有先天的优越条件。首先其规模大，货品多，知名度高，使得顾客纷纷有目的性地前往。

（一）大型商业复合型建筑

（1）大型商业复合型建筑由于通常由写字楼、酒店、商业中心或公寓、住宅、车库等多项设施组成，这个大厦或建筑群本身就可能成为城市的著名建筑或标志性建筑，而大型商场通常在最方便的位置。例如，国内的北京新东方广场、北京国际贸易中心、广州世界贸易中心、深圳地王大厦、重庆的大都会广场等，国外的美国圣·路易斯中心（132 000m² 商业零售面积，包括两个面积之和为 67 000m² 的大型商场和 35 000m² 的零售单位，面积为 37 000m² 的办公写字楼以及面积为 26 000m² 的 250 间客房规模的旅馆和 1500 个车位的停车场），美国达拉斯商廊（零售面积 130 000m²，共 54 000m² 的 3 个百货商场及共 76 000m² 的 185 个零售单元，2 栋办公塔楼、旅店，共 8500 个车位的多层车库），日本神户时尚广场（集商业、饭店、美术馆于一体的复合设施，总建筑面积 96 000m²）等。这些复合商业大厦外观设计或庄重典雅，或时尚前卫，或造型独特，都是当地著名的建筑组团，享誉世界。

（2）新型商业街区、商业中心，它们以商业零售商场为主，由餐饮、娱乐等设施组成，同商业复合型建筑相比，少了宾馆、写字楼等项目。建筑多以线、面构成。它们的建筑组成通常以核心商场为主，以丰富的室内外环境布置和带有透光的廊道、中庭、步行街等有机结合，建筑外观和环境极具特色，如美国柏灵顿商业街、椰风步道，日本东京太阳漫步市场，北京的新东安市场、广州的天河城广场等。

（3）以大型零售企业为核心的建筑（包括大型零售百货商场和超级市场、仓销式商场）。比起前两种，这一类整幢建筑基本上由一家大型零售企业进行管理和控制。国内比较典型的有北京王府井大楼、北京西单百货大厦、广州百货大厦、广州友谊商厦、上海友谊商厦、广州好又多量贩、广州正大万客隆、深圳沃尔玛等。

在大型商场的建筑立面上，通常用色彩对比、形体对比、材料质感对比和虚实来强化入口与门头的视觉效果。为了迎合人们"购物、休闲一体化"的观念，应尽可能地扩大入口空间，可以有以下四种做法：

（1）在入口用地面积较紧时作凹入式门廊；（2）在用地面积略为宽裕时，构筑外凸的门廊或悬挑；（3）大型商场应尽可能地退后于城市道路而建，留出空地作广场。在满足停车要求外，还可设置绿地、铺装、水景、休闲桌椅、雕塑小品等，以创造适合休憩和观赏的环境；（4）某些临街的商场可在避开人流的地方设置桌椅和遮阳篷以供人们休息与交流。

（二）商业街上的小商店入口、门头的特点

商业街上林林总总的小商店规模不一、名目多样，由于现代社会中强烈的经济竞争机制，导致它们争相以醒目的门头和广告来突出自己，达到招徕顾客的目的。在现代商业街上，这种缤纷繁杂的门头和琳琅满目的广告重重叠叠、交错并融，广告之间的概念已趋于模糊，这也是现代商业街上的一大"特色"。

商业街的小商店一般都设在多层或高层建筑的底部数层。这些小商店因经营问题常改换门面，因此，设计中应将门头的造型尽量简化，并选用价格较便宜的装饰构筑一个易拆、易换的商店门头。

近年来，一些小商店在建造门头时出于经济实惠的目的，大量地运用灯箱制作广告。这种门头色彩鲜亮，特别是夜间，更是光辉灿烂、鲜艳夺目，商业气氛十分强烈，如图4-25所示日本东京银座附近儿童专卖店的外檐设计。

图4-25　日本东京银座附近儿童专卖店的外檐设计

（三）专卖店、特色店入口、门头的特点

专卖店以其品牌效应和企业形象招徕顾客。因此，这类商店的门头重点表现企业标志，不作太多的装饰，而以它的典雅、大方的艺术品位取悦于人。专卖店、特色店的入口与橱窗往往用大面积玻璃制作，一方面可以更好地展示商品，另一方面还能以这种通透感来达到与顾客交流的目的。

特色店重在表现它的"特色"所在，常用的手法是在门头上通过标志、图案、色彩喻示这种"特色"。如儿童用品商店的门头上可用稚嫩的色彩装饰，并在入口处放置玩具和装饰物，例如图4-26所示德国弗莱堡儿童专卖店的外檐设计较有特色。药店的门头可用大面积的单一的冷色渲染，使人们获得清洁明亮的视觉感。首饰珠宝店的门头可用大红和黄色渲染了一派"富贵气"，如图4-27、图4-28所示的店面特色即具有这种气派。

图4-26 德国弗莱堡儿童专卖店的外檐特色设计

图 4 - 27　日本东京银座较有特色的店面设计

图 4 - 28　瑞士洛桑较有特色的 SWATCH 店面

一、问题与思考

1. 现今的商业购物空间经营越来越重视视觉系统的开发，而视觉形象在商业购物空间的整个卖场形象中占重要地位。对商业购物空间而言，企业视觉系统开发应注意的原则是什么？

2. 商业购物空间入口可以分为几种形式？它们各是什么？

二、作业

根据某城市真实的商城外檐分析优缺点，并作出改造设计，写出500字设计说明。

第五章

商业购物空间的设计程序与
设计师素质

第一节　商业购物空间的设计程序

设计规划是业主或企业管理者（甲方）与设计单位（乙方）共同配合完成的工作。目前，有关商业购物空间装饰设计工程的规划与设计程序，各地的做法不尽相同，下面介绍常见的做法。

一、甲方工作

（一）甲方应做的前期准备工作

（1）市场调查与预测。

当某一个商业企业准备建设大型的商业网点，或者准备对原有商场进行改造、扩建、翻新时，有关人员要做的第一件事应是进行市场调查与预测。除了了解国家的经济形势与宏观调控政策之外，在市场调查中还要注意到当地城市、街区的发展布局和发展趋势，认真分析所在城市、所在街区的人口及居民点分布情况与购买力情况，分析同行业在这一地区的销售情况及分布情况。对于旧的商场，还可以从历年的销售情况分析预测今后的发展方向和发展策略，对今后可能的销售情况和经济效益以及社会效益进行高、中、低等多方面的预测。

（2）投资测算、CI策划和可行性研究。

对新建商场的经济效益进行客观的预测后，就应该对商场的规模、装饰设计档次、消费者主体进行适当的定位；对投资额进行初步测算；对所需资金的来源、怎样偿还、几年内能够收回、可以增加多少经济效益等问题进行多方论证。可以组成专门的班子对上述问题进行调查，写出尽量客观的可行性研究报告，最后确定建设的规模及投资额的大小。可行性研究报告或计划大体上有以下几个方面的内容：① 是否需要。首先要建立在市场调查的基础之上，对拟建工程所在街区居民、企事业单位人口数量及具体需求购买力情况进行调查、分析、预测。考虑需要多大规模、多大的投资，装饰设计的档次、水平，以及可能会产生的经济和社会效益等。② 是否可能。从本企业的自身情况出发进行考虑。首先是财力物力的情况；其次是考虑客观条件的制约。交通是否便利，水电供应是否充足，目前或今后发展是否有某种制约条件等。③ 如何综合平衡。需要与可能永远是一对相互制约的矛盾，关键是如何解决。可行性报告前两个方面都是通过调查得来的基本数据、基本现状，如何分析、解决是报告的重点核心。应根据企业的营销策略、发展规划具体确定装饰的规模、档次、效果以及工程资金如何解决、工程进度大体安排等问题。

（3）其他准备工作。

如果说前边两项是战略决策的话，下面就是许多具体实施的技术性细节问题。除了前面讲的对设计单位和施工单位的选择之外，还有以下工作要做：① 拟定建设的总体要求。对设计的格调、各部分的功能安排、人员的配备、设备的安放，以及施工的工期及开业的时间等，都要有一个大体的安排。尽管设计的格调经过设计单位的工作，最后方案的结果可能与原来的设想有较大的出入，但这至少会给设计工作者提供一个明确的目标，告诉他们甲方心中的想法（或者干脆放手让设计师去想）。这样，设计单位和施工单位及甲方自己的筹建班子都可按一个明确的时间表和工作程序、要求来进行工作。② 办理各种建设手续。大体有：报建手续（由甲方向当地建委或规划部门申请，需要提供设计平面图及反映建筑装饰项目位置及相邻建设关系的布置图，需要提供各层建设平面布置图、装饰顶棚布置图，以及装饰工程可燃物的每平方米面积平均重量指标。得到批准后才可领取合法的施工许可证）、消防报建手续（向当地公安消防部门办理）、临时占用道路许可证（向当地城市管理部门申请此证时，需要给出总体平面与街道的关系图，并注明占用道路的位置和面积）。此外，还要协助施工企业办理有关手续（后面将要谈及），办理临时用电用水手续，并办理以后永久性用电增容手续和用水手续等。施工人员的临时设施、临时库房等国家也有规定，可由双方协商解决。

（4）与工程同步进行的工作

如果工期较短，则与商场运营的相关工作应提前进行。按照 CI 策划的企业宣传计划、企业固定标识、企业用色进行设计与宣传工作，以扩大影响力。商品采购，货源落实工作，保证开业就有丰富的商品供应。商场内商品及参展企业的灯箱广告和现场宣传广告的制作工作。固定的灯箱结构一般由装饰公司在工程中制作。广告灯箱片一般由各商品品牌企业提供小样，由甲方联系广告公司制作（也可由甲方委托装饰设计单位设计制作）。由商场的美工人员和业务人员对商场的陈设品、艺术品、美化绿化等及将来的商品陈列、摆放作出设计计划及制作、采购，这些工作往往需要装饰设计公司共同参加。

（二）甲方对设计单位的选择

甲方选择设计单位，有两种常见的方式：

一是直接选择或委托有丰富商场设计经验的单位或有较多高素质设计人员的单位。这些单位都有良好的商场或其他大型、有影响力的公共建设的设计经历。这种直接选择或委托一般都建立在甲方对设计单位有把握、有信心、比较了解情况的基础上，这种方式适用于工程时间较紧、甲方缺少比较懂装饰设计的工程管理人员等情况。其优点是能够使设计人员尽快入手、进入状态，也能使设计人员与甲方通过多次直接商谈尽快地完善规划方案。

二是招标选择。即同时选择、邀请几家设计单位进行方案投标（或者称邀标、议标），从而选择其中较好的方案。这种方法是目前最常见的，也是国有企业常规要求的做法。这种方法的好处是集思广益，通过设计竞争来比较。这种比较的过程也是甲方对设计单位逐步考察、熟悉的过程。比较的内容包括设计构思、材料运用、对工程概算的预测和控制、设计周期、服务水准等几个方面。但这种做法对甲方也提出了较高的要求，即甲方自己要有比较懂行的专业人士，或委托专业人士帮助，这种专业人士往往来自几个方面：有过商场装饰经历的同行单位，或某设计部门，或国家认可的工程监理部门。甲方通过自己或委托专业人士来具体进行一些邀请招标前的准备工作。

（1）写出邀请招标书。邀请招标书的大体内容有：工程概况，包括工程地址，建设物的层数、层高、基本面积等；甲方拟定的使用要求及功能简介（当然在使用要求中，有的部分是可以让设计单位根据他们的经验进行修改的，甚至在选定设计单位之后，双方还可进一步协商，进行反复修改、完善）；甲方对设计的一些基本要求及所希望达到的某些装饰美学方面的要求（包括空调、声、光等方面的要求）；甲方在市场调查方面所总结出的顾客群的定位和工程希望达到某一水平的要求（如果是宾馆的话，可以有星级标准，但对商场，只能参照国内或国外的某类具体实例）或明确的造价要求；甲方在设计乃至整个工程对时间方面的计划和要求（这个时间计划根据实际工程需要，可以是与工程总量和标准大体适应，也有可能必须赶在一个特定的日期之前完成）。甲方其他要求，比如对投标文件的规定，对图纸量、效果图量、图幅，以及其他说明文字的要求，开标及评议的时间、形式，对未被选中方案单位有无经济性补偿，对未中标文件的处理方式，对未竟事宜的处理方法（一般都参照国家有关规定进行）。

（2）准备建筑装饰设计的图纸、图片资料，以及组成评议班子。评议班子大体由本企业领导及上级有关管理部门负责人，本企业主管基本建设或固定资产管理部门和主管销售、经营、仓库、保管等业务的部门负责人或专业人员以及邀请参加评议的专家三方面的人士组成。

（3）确定评议的形式。一般有两种评议形式：一种是几家设计单位在指定的时间地点之内将招标文件、图纸同时带来，放在一起，逐个进行介绍，公开比较评定。图纸等资料互相公开，最好能当场拍板定案，以增加透明度与公正合理性。这种方式的缺点是给评审组时间太少，一般不便重新确定设计单位。还有一种是先集中一个时间收齐投标文件，然后评审组在尽可能紧凑的时间段内逐家评议设计方案，在介绍方案的同时其他单位不参加，也不必现场确定中标单位。这样进行评议的时间可以充裕一些。在评议过程中发生意见相持或某些问题拿不定主意时可以临时调整评审组成员，在内部意见比较一致时再通知设计中标单位。这种做法的缺点是可能使不中标的单位感到透明度不够。

以上介绍的两种选择设计单位的方式，只是室内装饰工程所经常采用的（与土建工程有所不同。对土建工程，特别是大型工程，国家已公布一套规范做法）。通过以上的介绍，我们可以对这两种方式作以下归纳：在第一种方式中，有关装饰艺术要求、工程物理要求甚至一些甲方需要的功能要求，甲方可与直接委托、选择的设计单位在设计方案的过程中互相协商，最后定案。这样甲方的前期工作减少，方案也比较深入，时间较为紧凑，比较适合中小型商场的装饰工程。而在第二种方式中，甲方在确定正式的设计单位之前，先要找一家投资或设计咨询单位作出比较详细的招标文件，与第一种方式相比，前期工作量大一些，对本企业的专业人员要求高一些，时间也相对用得多一些。中标之后，还需要甲乙双方共同商定，完善方案。一般而言，第二种方式较适应于大中型商场的装饰工程。但也有例外，因为装饰工程不同于建设工程，它有一个翻新或重新装饰的周期问题。如果一个大型商场以前是由某一设计单位设计，当时业主对设计单位满意，且双方合作也愉快。过了几年需要重新装饰时，由于有合作基础，甲乙双方对上一次设计的优缺点有足够的认识，这一次可以扬长避短，做得更好。且乙方对建设本身的布局也熟悉，能尽快上手、深入设计，那么按第一种方式选择设计单位，可能是最佳的。相反，对中小型商场，甲方如果想集思广益，避免一家设计单位在工作服务程序和设计思维方面形成的某种定势，也可能采用第二种方式。总之，如何选择设计单位，要视甲方的多种具体条件，本着对设计效果有利、对工程资金使用合理、对工作效率能有效提高的原则进行。

二、乙方工作

整个设计过程是一个循序渐进和自然而然的孵化过程。设计师的设计概念应在他占有相当可观的已知资料的基础上自然而然的像流水一样流淌出来，并不是像纯艺术活动那样是突发性个人意识的宣泄。当然在设计当中功能的理性分析与在艺术形式上的完美结合要依靠设计师内在的品质修养与实际经验来实现，这要求设计师应该广泛涉猎不同门类的知识，对任何事物都抱有积极的态度和敏锐的观察。纷繁复杂的分析研究过程是艰苦的坚持过程。仅靠一个人的努力是不能完善完成的，人员的协助与团队协作才是关键。单独的设计师或单独的图文工程师或材料师虽然都能独当一面，却不可避免地会顾此失彼，因此需要一个配合默契的设计小组必不可少。

（1）设计规划阶段。

设计的根本首先是资料的占有率，是否有完善的调查，横向的比较，大量的搜索资料，归纳整理，寻找欠缺，发现问题，进而加以分析和补充，这样的反复过程会让设计在模糊和无从下手中渐渐清晰起来。

例如，一服装专营店的设计，首先应了解其经营的层次，属于哪一级别的经销商，从而确定设计规模，确定设计范围。通过取得公司的人员分配比例、管理模式、经营理念、品牌优势等信息来确定设计的模糊方向。横向比较和调查其他相似空间的设计方式，了解存在的问题和经验；分析其位置的优劣状况、交通情况以及他们如何利用公共设施、如何解决矛盾；获知顾客的大致范围从而确定设计的软件设施，人员的流动和内部工作，线路的合理规划等信息。这些在资料收集与分析阶段都应详细地分析与解决。这一阶段还要提出一个合理的初步设计概念，也就是艺术的表现方向。

（2）概要分析阶段。

相关信息收集结束后应提出一个较为完善和理想的空间机能分析图，也就是抛弃实际平面而完全绝对合理的功能规划。不参考实际平面是避免先入为主的观念限制了设计师的感性思维。虽然有时感觉不到限制的存在，但原有的平面必然渗透着某种程度的设计思想，在无形中会让人陷入固有思维中。

当基础完善时，便进入了实质的设计阶段。实地考察和详细测量是极其必要的。图纸的空间想象和实际的空间感受还是有一定差距。对实际管线和光线的了解有助于缩小设计与实际效果的差距。如何将理想的图纸设计结合入实际的空间当中是这个阶段所要做的。室内设计的一个重要特征便是只有最合适的设计而没有最完美的设计。一切设计都存在缺陷，因为任何设计都是有限制的，设计的目的是在限制的条件下通过设计缩小不利条件对使用者的影响。将理想设计规划从大到小地逐步落实到实际图纸当中，不可避免要牺牲一些因冲突而产生的次要空间。整体的合理和以人为主是平面规划的原则。

（3）设计发展阶段。

从平面向三维的空间转换，其间要将初期的设计概念完善和实现在三维效果中，其实现也就是材料、色彩、采光、照明的统一。

材料的选择屈从于设计预算。单一的或是复杂的材料是因设计概念而确定。虽然低廉但合理的材料应用要远远强于豪华材料的堆砌。当然优秀的材料可以更加完美地体现理想设计效果，但并不等于低预算不能创造合理的设计，关键是如何选择。色彩是体现设计理念的不可或缺的因素，它和材料是相辅相成的。采光与照明是营造氛围的。室内设计的艺术是光线的艺术的说法虽然有些夸大其词，但也不无道理。艺术的形式最终是通过视觉表达而传达于人的。这些设计的实现最终是依靠三维表现图向业主体现，同时设计师也是通过三维表现图来完善自己的设计，即表现图的优劣可以影响方案的成功，但并不会是决定的因素。它只是辅助于设计的一种手段、方法，千万不能本末倒置过分地突出表现的效用，起决定作用的还是设计本身。

（4）细部设计阶段。

家具设计，装饰设计，灯具设计，门窗、墙面、顶棚连接都是依附发展阶段的完善设计阶段。主体问题已经在发展阶段完成，这只是更加深入地与施工和预算结合的阶段。

（5）施工图设计。

设计经过设计定位、方案切入、深入设计、设计表现等过程，方案被采纳。在即将进入设计施工之前，需要补充施工所需的有关平面布置、室内立面和顶棚等详细图纸，还应包括设计节点详图、细部大样图及设备管线图等。还需要编制施工说明和造价预算。

（6）设计施工阶段。

实施设计的重要环节，是工程施工阶段。为了使设计的意图更好地贯彻实施于设计的全过程之中，在施工之前，设计人员应及时向施工单位介绍设计意图，解释设计说明及图纸；在实际施工阶段中，要按照设计图纸进行核对，并根据现场实际情况进行设计的局部修改和补充（由设计部门出具修改通知书）；施工结束后，协同质检部门进行工程验收。

（7）设计评价阶段。

设计评价在设计过程中是一个不间断的潜在行为。即使在设计完成之后，设计评价依然有其信息反馈、综评分析的重要价值。在设计过程中总是伴随着大量的评价和决策，只是许多情况下我们是不自觉地进行评价和决策。科学技术的发展和设计对象的复杂化对设计提出了更高的要求，单凭经验、直觉的评价已不适应要求。只有进行技术、美学、经济、人性等方面的综合评价，才能达到预期目的。

作为室内设计人员来讲，必须把握设计的基本程序，注重设计评价的筛选与决策的作用，抓好设计各阶段的环节，充分重视设计、材料、设备、施工等因素，运用现有的物质条件因素的潜能，将设计的精神与内涵有机地转化为现实，以期取得理想的设计效果。

第二节　从事商业购物空间设计的设计师应具备的素质

（1）具备建筑设计及三维空间设计的理解能力。商业购物空间设计是一门空间艺术，因此，三维空间的理解和想象力对于一个商业购物空间设计师来说是至关重要的。平时要多观察、多记录，可以进行室内空间、建筑空间等设计训练，以培养三维思考能力。

（2）具备广博的科学文化知识、美学知识。设计是综合的艺术，设计师只有对文学、戏剧、电影、音乐等具有较深的理解和鉴赏水平，才能在空间的文化内涵、艺术手法、空间造型等方面进行深入的设计表现。

（3）具备准确的、熟练的表现能力。进行商业购物空间设计就要求设计师可以将自己头脑中的设计意图准确、熟练地表现出来，如总平面图、三视图、透视图、轴侧图、效果图等。

（4）具备解决问题的能力。设计师应具备横向思维能力，善于用非常规的办法，达到出奇制胜、立意新颖的效果，这种能力的实质就是创新精神。创新是设计的灵魂，只有思想开放、勇于突破的设计者才能收获成功的喜悦。

（5）具备沟通的能力。设计师应善于宣传自己和自己的设计，最好的设计师应当是最能展示自己的人；同时能够听取别人的意见，具有团队合作精神。

（6）具备诠释能力。设计是将抽象的概念和复杂的信息形象化、情节化、趣味化，选择尽可能美的形式打动使用者。

一、问题与思考

（1）设计师进行商业购物空间的设计过程包括哪几个部分？

（2）从事商业购物空间设计的设计师应具备哪方面的素质？

二、作业

请你组织一个设计团队，对你所在城市的某个商场作出改造设计，并做出设计过程安排，写出1000字设计计划书和全套设计方案。

第六章

国外优秀作品赏析

第一节　大型商场

一、Fünf Hoefe 购物中心（德国）

五宫廷购物中心（Fünf Hoefe）在世界上赫赫有名，由古老的波提亚宫（Palais Portia）的大主教宫、原巴伐利亚地产抵押和外币税换银行（BayerischeHypotheken-undWechselbank）等组成。这些建筑外观的历史原貌保存得几乎完整无缺，内部却尽显现代消费世界的特色。通过商业、餐饮和办公的结合，形成了一个颇具魅力的购物中心。传统与现代交替的不同风格的大厅让游客仿佛穿梭于不同时空间。

图 6-1　古建筑的独特魅力在于它总让人觉得隐藏着许多故事，但历史的韵味是藏不住的，顾客自然会被其吸引。古典的外形配以时尚的商品，强烈的对比使得世界各地的游客慕名而来。

图 6-2　原生态的蓝天、阳光、绿植吊顶取代了都市人们看惯的钢筋水泥，给顾客以清新浪漫、别具特色的购物感受，使习惯于喧嚣都市的顾客恍若置身于大自然一般。

图 6-3　夜景中密集的点光源的使用，以点成面的组合分布，结合天棚结构，营造出灯光海洋的氛围，让空间更加通透璀璨。

图 6-4　拱形穹顶式的廊道以博物馆陈列方式将商品"庄严而齐整"地呈现给顾客，不经意间突出了商品高贵的品位和价值，增强了人们的购买欲望。

图 6-5 降低采光的高度不仅独具匠心，而且毫不影响室内定光效果，左墙壁的镂空与右墙壁的马赛克交相辉映，衬托的商品更加的精致细腻。

图 6-6、图 6-7 贴片编制的巨型球体不仅在空间上将上方大面积的空白处分割成很多有趣的小个体，而且其形成的光影效果也为顾客增添了购物的趣味性。

图 6-8　玻璃幕和巨型招贴墙围合成的半开放空间既通透又保证了顾客的私密性，时尚、美观、大方是现代商场惯用的手法之一。

图 6-9　休息区木质材料的使用，使人具有亲切感。简单的配色，较软的材质与卖场的玻璃、金属产生强烈的对比，使消费者紧绷的视觉神经得以放松。

图 6-10　景观环境室内化是最大的特色，白色的遮阳伞、细沙石和潺潺流水的搭配，带领消费者步入一个轻松的购物休闲空间。

图 6-11　整齐的白色沙滩椅搭配白色遮阳伞，尤其是细沙的呼应，使顾客仿佛置身于马尔代夫的碧海蓝天一般，绿植的点缀使这一切似乎更加"真实"，购物的疲惫随之一扫而光。

图 6-12　外立面的材质与配色隔开冰冷的墙面，与休闲区的氛围相得益彰，使顾客紧张的神经得以舒缓。

图 6-13　景观植物室内化俨然成为一种流行趋势，中空的石凳勾起人们些许儿时的记忆，白色的小雕塑恰如其分地装点着这和谐美好的休憩空间。

图 6-14　橱窗设计独到、含蓄，不仅是商品的展示之处，也是廊道采光的地方，封闭的走廊也因而灵动起来。

图 6-15　橱窗是现代商场普遍的售卖展示方式，但是橱窗里商品的选择却大有学问，该店选择了最具代表性的目标商品放在橱窗位置以吸引顾客，使顾客一目了然。

217

图 6-16 黑白两色地砖高雅端庄，曲线更是巧妙地引领着顾客的流动，店面设计色彩简洁，对比强烈，衬托着商品更显高档奢华。

图 6-17 这家服装店的商品和店面设计一样，简洁朴素。这种设计展现了沉稳成熟的风格和对顾客的尊重。

图 6-18　白色的墙壁影印着白色的灯光，不加丝毫多余的装饰，黑色的窗框好像也很普通，是什么吸引了我们呢？原来是五彩的 Logo……此时商品就是最好的装饰。

图 6-19　红白两色字母 Logo、黑框落地的门窗让人们过目不忘，简单的就是最有力量的。

图 6-20 绿色代表生命，绿色和黄木色的和谐搭配吸引着顾客，暖黄色的灯光像是这家小店的灵魂，把一切都变得那么温馨美好！

图 6-21 硕大的花卉图案，强烈的色彩对比，更好地突出了商品。

图 6-22　玻璃幕的大面积使用，令店面成为半开放的空间，经过的顾客能在不经意间发现自己感兴趣的商品。

二、AEON 临空城购物中心（日本）

AEON 临空城购物中心是集购物、餐饮、客房、娱乐等生活各方面所需功能为一体的大型购物中心，购物中心规模庞大，设施全面，设计新颖，游客在里面可尽享各方面的休闲与娱乐。

图 6-23　广场绿化使空间更具尺度感与方位感，同时也解决了空间的空旷感。

图 6-24　广场小品简洁和谐的配色，与总体的空间环境相得益彰，体现出其秩序性。

图 6-25　温暖的灯光流露出家一般的温馨，拉近了消费者与商品的距离。

图 6-26　商场的主题鲜明，配饰经典，与商场的主题和气氛相呼应。

图 6-27　宽敞的店外走廊，最大限度地为顾客提供了自由的活动空间。

图 6-28　电光源的分布创造出繁星点点、绚丽迷人的景观效果。

图 6-29　夜晚的灯箱使单一的建筑颜色变得丰富。照明的分配满足了休息区游客的私密性。

图 6-30　水景的营造为环境增添了些许灵气，景观立刻变得生动起来，同时丰富了广场的空间层次，活跃了广场气氛。

图 6-31　休息空间的设计可满足不同顾客的需要，儿童活动区采用鲜艳的色彩设计，起到吸引孩子的作用。

图 6-32 色彩鲜艳的棚顶在灰亮色调的建筑群中起到点缀的作用。

图 6-33 开放式的卖场环境与室外景观相互渗透，打破了室内外的空间界限，形成了一个多维立体的休闲购物广场。

三、BMW Welt 慕尼黑宝马世界（德国）

宝马世界（BMW Welt）是德国著名汽车厂商，宝马集团一个多功能的客户体验和展览中心，是宝马汽车目前的产品展示区，也是宝马汽车的配送中心、论坛举办场所和会议中心。

图 6 - 34　宝马大厦。因外部造型似汽车发动机，故又称为"四汽缸大厦"。该大厦由维也纳著名设计师 Karl Schwanzer 设计。

图 6 - 35　旋转、流畅的室内空间设计动感十足。在空间处理上做到犹如音乐旋律般的韵律，抑扬顿挫，富于变化。在满足功能的同时，让人感受到空间变化的独特魅力。

227

图 6-36 各式的体验设计，拉近了科技与人的距离，丰富了游客深层次的环境体验。

图 6-37 点与线性光源在大面积的空间环境中的综合运用起到很好的点缀与引导作用。

图 6-38　漫反射式照明的吧台，既醒目又温馨，与上方的灯带遥相呼应，起到很好的色彩调节作用。

图 6-39　独特的室内空间结构极具现代感，也是宝马汽车一贯的特点。

图 6-40　室内动线犹如车辆行驶的道路，突出了
空间的主题。

图 6-41　商品展区的分布与路线分配的变化，使游客在浏览的过程中，
产生一种心理上的节奏感。空间安排上的错落能引起观众在商品、展位
前逗留时间的差异，使整个环境张弛有序，富于变化。

图6-42 室内局部设计没有繁杂的装饰和造型，而是采用相互关联又相互独立的几何体，时尚、简约、现代。

231

图6-43 空间中的灰色在灯光的渲染下又产生了更多的层次，使得空间虚实相映，冷暖色彩的对比突出。

图 6-44　简洁、明确的指示牌，自然地融入到周围环境中，没有因其功能性而显得突兀。

图 6-45　陈列展示增添了室内空间的元素，为空间添加了历史气息，提高了空间的文化品位。

图 6-46　时尚、现代的设计风格达到了深化企业和产品形象的目的。

图 6-47　纯白色使得整个柜台更加突出，使顾客更容易将注意力集中在柜台上所陈列的各种商品上。

图 6-48　商店售卖区装饰简约、造型动感，红色的座椅打破了四周冰冷的金属质感，室内植物的配合，使得金属也变得生动起来。

图 6-49　简约主义风格的室内座椅，营造了亲切的氛围。

图 6-50 简约现代的桌椅配合外部景色，让消费者享受开放的休息场所，拥有宽阔与舒畅的精神体验。

图 6-51 点、线、面不同光源的组合运用，使柔和的灯光恰如其分地妆点着整个环境，温柔而浪漫。

图 6-52　富有创意的局部商品照明设计，体现了设计在细节处理上的严谨态度。

图 6-53　室内装饰处处突出宝马自身的品牌，装饰性与功能性兼备。

图 6-54 红色的墙面，配合高显色性的卤素光源，体现了家私的质感，在射灯的照射下，色彩更加红艳。

图 6-55 室内白色的墙面与钢琴、家具的色彩形成强烈的反差，视觉、听觉等多种感官在此刻交织。

图6-56　该装置能自动避让周围行走的人群，在增强空间趣味性的同时，也体现了宝马的现代科技。

图6-57　开放的室内空间，采用弧形的平面流线使空间显得通透流畅。

图 6-58　休闲活动区温馨、舒适，给游客置身于家中的感觉。

图 6-59　多种方式的展示创造色彩纷呈、气氛
热烈、效果立体的购物环境，烘托出浓厚的商业
气氛，创造出丰富多样的空间层次，增加了购物
者的心理乐趣和购买欲望。

图 6-60　风格强烈的墙面装饰凸显了品牌特点，贴切地传达了企业和商品一贯的理念。

图 6-61　多种方式的展示体验，能使更广泛的人群参与其中。

图 6-62　充满童趣的休闲体验区温馨、亲切，充分考虑到不同人群的活动特点。

四、West End 苏黎世休闲娱乐中心（瑞士）

远离城市中心的苏黎世西区（West End），原本是工厂林立的工业区和船厂区，如今也被改建成腹地，但是整个建筑群内外都有超常规的设计，西区所有由厂房和船厂改建的餐厅和酒吧，都保留了原本坚硬和金属特质的外貌。

图 6-63　旧工厂的整体轮廓具有浓郁的时代特色。

图 6-64　简单的公共设施不仅仅能满足功能上的需要，富有变化的设计
更具有观赏性，是提升环境品质的重要手段。

图 6-65　休息设施的设计酷似床的造型，更显趣味性与亲切感。

图 6-66 曲折的流线使景观环境相互交错，达到曲径通幽、景随步移的景观效果。

图 6-67 以纯白色遮阳伞搭建起来的休息区流露出优雅的气质，周边的植物起到隔挡的作用。

图 6-68　以排列整齐的片状结构组成的外立面，抢人眼球的背后却是另一番细致入微的空间。

图 6-69　巨大的钢架结构，使人仿佛置身于工业革命时期的厂房之中，时代感十足。

图 6-70　阳光透过顶部天窗倾泻在厂房之中，游走其间仿佛能够感受到时间的流动。

图 6-71　设计保存了工厂内特有的工业气息和在时间潮流中遗留下来的历史痕迹，再用恰当的手法变换了旧工厂的空间，使之符合全新的功能需求。

图 6 - 72 充分的自然采光光影交错，让单调的地面环境产生了丰富的
变化。

图 6 - 73 设计大量保留了原有厂房的设施与结构，给人以独特的视觉体
验，同时诠释了当地浓郁的文化气息。

图 6-74 旧工厂的整体感不会单独停留在"旧"风味中,而是有着新旧的交替,在视觉上可以互换转换而不至于疲倦。

图 6-75 原有的工厂设施的保留并没有破坏空间的功能属性,反而成为特殊的室内景观。

图 6 - 76　巨大的桁架与温暖的自然光让顾客在充分放松的同时，也能深入体验环境的独特韵味，几乎忘却了置身于热闹的现代卖场中。

图 6 - 77　高大连续的屋顶桁架结构所形成的连续性、节奏感以及巨大的空间流动感是最大的视觉冲击。

图 6-78　设计保留了原有厂房的结构，充分展示了工业时代的魅力。新旧室内元素在对比与碰撞中产生了独特的时代感和历史感，创造出不同的体验和感受。

图 6-79　金属质感的管道与天顶结构完美地融合在一起，此时，它是装置，同时也是装饰。

图 6 - 80 原有的建筑通过整合、填充，满足了新的功能需要，新的功能
产生了新的布局，商业化的设计赋予旧建筑新的生命。

图 6 - 81 用新材料覆盖和替换的同时，设计保留了厂房内特有的工业气
息，同时赋予其全新的功能。

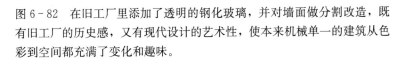

图 6-82 在旧工厂里添加了透明的钢化玻璃，并对墙面做分割改造，既有旧工厂的历史感，又有现代设计的艺术性，使本来机械单一的建筑从色彩到空间都充满了变化和趣味。

图 6-83 通过增加扶梯，将机械排列的工业厂房连接成一个有机的整体；采用轻钢、玻璃等现代材料，与原有建筑材料形成对比。

图6-84 在新与旧的相互交替中，空间里有将色和韵味的元素被加以保留、改造和利用，使旧厂房既有历史，又可以不断得以更新和存活。

图6-85 同一色系的合理搭配给人以协调的美感。活泼、跳跃的图案配合玻璃材质的使用为空间增添了更多的现代气息。

图 6-86　栅栏般的钢板在阳光照耀下所产生的光影与室内灯带交相辉映。

图 6-87　冰冷的钢筋水泥在柔和的灯带照射下变得柔软，拉近了与人的距离。

图 6-88 采用填充的方式，将娱乐、购物等功能填入厂房的大尺度空间中，形成了时尚的购物空间，使原本机械单一的建筑从色彩到空间上都充满变化和趣味。

图 6-89 粗糙的水泥墙面与光滑的局部金属面板形成强烈的材质对比。

图 6 - 90　艺术化的娱乐设施为商业建筑注入积极的活力元素。

图 6 - 91　对旧工厂改造的同时也是商业文化改造，力求体现创意和艺术的空间氛围。

图 6-92　钢铁、玻璃、金属，或混凝土等不同材料所组成的空间，旧工厂的空间痕迹与现代的生活元素艺术的结合，使人感受到新与旧的碰撞与融合。

图 6-93　浓烈、鲜艳的装饰色彩打破了室内平淡的灰色调，令人眼前一亮。

图 6-94　各式各样的灯光，是室内的焦点及主题所在，加强了现有装潢的层次感。

图 6-95　外墙面的处理将自然光引入空间中，根据天气、时间的变化形成动态的光环境，获得光影变幻的艺术效果。

图 6 - 96　自然光穿越深色钢架倾泻而入，在室内的灰色地面上形成斑驳的光影效果，照射着银色的金属面板与透明的玻璃，大大地丰富了光影的层次感。

图 6 - 97　在旧厂房的基础上大胆而恰当地加进新材料，在新与旧的相互交替中，厂房的生活空间得以更新而形成一种全新的空间节奏。

图 6 - 98　具有很强的设计感的座椅，在不经意间提高了室内空间的艺术气息。自然材料稳重深厚、淡雅含蓄的品质，形成较为朴实而亲切的质感，配合周围环境的人工材料，相得益彰。

图 6 - 99　购物空间、展示空间、公共空间共同构成了商业建筑的使用空间，多种功能设施的点缀将各自独立的使用空间串联起来，成为有序的空间组合，形成了亲切宜人的空间氛围。

图 6-100　四周以大面玻璃帷幕刻画出崭新的简约系设计，咖啡色、黑色呈现出优雅的立面气质，以微妙的间隔比例制造出高度的层次感。

图 6-101　各色商品令人炫目，深色的室内环境成为它们的衬托。

图 6-102　材质上粗糙的框架结构与休憩设施的对比，使人们身临其境地感受到工厂原有的特色风貌。

图 6-103　不同风格的装饰在厂房内共存，丰富了室内空间元素，彼此对立又相互融合。

第二节　专　卖　店

一、Sporthaus Schuster 慕尼黑运动品专卖店

Sporthaus Schuster 慕尼黑运动品专卖店服务雪地运动爱好者已经有百余年，店面设计结合了现代以及古老砖墙的建筑风格，在传统中寻求现代的元素，在静态中寻求动态的突破，颇具特色。

图 6-104　新与旧的对比产生独特的效果，老式的店铺标牌配以超现代的品牌标志，独特的韵味油然而生。

图 6-105　几乎完全通透的外墙立面，为店内充满趣味的陈设提供了展示条件，密集的线性分布也丰富了外立面的层次感。

图 6-106 看似简陋的产品展示，却是店内最为吸引眼球的元素，达到了出奇制胜的效果。

图 6-107 大胆而直接地将整辆自行车悬挂在由铁管简单拼成的装饰立面上，以独特的设计风格展现给人们一个极富个性的店面空间。

图 6 - 108　店内铺装以及各类材质的运用，体现出运动与亲近自然的主题，与产品特质相吻合。

图 6 - 109　洁白又有弧形变化的墙面装饰把两个购物空间连接，为空间增设了攀岩的运动元素。

图6-110　店内通透的灯光晶莹透亮，在夜幕下夺目耀眼。充满活力动感的路线设计尽可能地延长了整个体验路线的长度，使得参观者能有足够的时间和空间来体验产品。

图6-111　空间中运用大自然中的形状，使卖场变得更为生动、贴切。

图6-112 大自然中的诸多元素被提炼到设计中去，设计师将人工制造的物品与大自然的元素和谐地结合在一起。

图6-113 专卖店空间的形状、尺寸与人体尺度之间有恰当的配合，使人们在空间中行动和感知适宜、协调。

图 6-114 卖场中减少了大量琐碎的装饰性的设计元素，添加了简单敦实的木质座椅，顶面则是裸露的金属与楼板，卖场内的空调管、喷铃、水泥饰面的墙体给人粗犷、豪迈的感觉，体现了户外运动精神。

图 6-115 空间的主题 Logo 激情、热烈，体现了亲近自然、充满活力的品牌追求。

图 6-116　店内采用灰色墙面为主，粗糙的毛石、黑色的金属构件为辅的设计，在体现强悍的运动本性的同时，追求大气、简约的风格。

图 6-117　精心的设计使卖场没有闲置的角落，在刺激消费者感官神经的过程中，使商业利益最大化。

二、柏林 SONY 专卖店

座落在柏林商业中心 SONY 世界的 SONY 专卖店，经营和销售 SONY 各类电子商品，整个经营楼面共 5 层，每层独具特色的主题和风格，给人以视觉与听觉上的华美享受。

图 6 - 118　几何形态的墙面装饰将电子产品现代、快速、便捷的特点捕捉得十分到位。

图 6 - 119　声色俱全的展示效果，信息丰富的展示内容，安全便捷的空间规划，完善周到的服务设施，共同组成了舒适和谐的消费环境。

图6-120 几何形或弧形的平面流线，使空间显得更加自如流畅，颇具艺术气息。

图6-121 地面上柔和的灯带将光线均匀的散射到空间之中，使顾客在观看产品时不会受到局部光源的影响。

图6-122 环状的展台分布最大可能的减轻了拥挤感，起到分流的效果，有效地保证了服务的便捷和客流的畅通。

图6-123 流线式的展台给无流动特性的展品增加了流动感，强化了顾客浏览商品时的节奏感。

图 6-124 自发光式的展示装饰极易抓住顾客的眼球。

图 6-125 显示器的分布使顾客在各个角度都能感受到产品的展示效果。从平面中的点线面到立体构成的体块空间，以及色彩构成的色调搭配，都成为专卖店展示设计的表现元素。

图6-126　人在专卖店空间中处于参观运动的状态，这就需要以最合理的方法安排顾客的参观流线，使顾客在流动中，尽可能地在商品展示的重点区域内活动。

图6-127　逻辑地设计展示的秩序，合理地编排展示的计划，科学地分配展示空间，以达到最佳的展示效果。

图6-128　运用现代科技的手段，在专卖店中创造出一个更为逼真的场景，使观众置身于一个更为真实的虚拟空间中。

图6-129　鲜艳的色彩能调动参观者积极参与的意识，使展示活动更为丰富多彩。

三、德国宝马世界专卖店

德国宝马专卖店是设立在宝马世界里的一个店中店，以经营宝马的衍生产品为主，地面采用PADOMO材料、墙面采用大面积的透明玻璃、顶面采用暖色的LED灯照明，整个空间既突出了商业卖场的主题又与宝马世界白灰色的主题相呼应，不愧为大师级的作品。

图6-130　设计简洁大方，色彩运用明快，配合灯光的渲染，使卖场营造出理想的售卖气氛，增强顾客的购买欲。

图6-131　展馆内部是一个有机的连贯空间，每个小型的展位都是空间的一个序列上的点。这些点的连接就构成了浏览的动线。

图 6-132　模型展示使空间的距离感被改变了，空间上的亲近缩短了观众的心理距离，以便更贴切地传达企业和商品所赋予的理念。

图 6-133　展示设计充分利用点线面的美的法则，使顾客的游览路线产生丰富的变化，不易产生疲劳感。

图 6 - 134　墙面装饰的造型随路线的变化而变化，颜色则是运用红蓝两色，与周围环境形成对比，空间中的灰色在灯光的渲染下又产生了更多的层次。

图 6 - 135　商品展示的位置尽量做到显眼，对于重点推介的商品，给予充分的、突出的空间以增强视觉冲击，给顾客留下深刻的印象。

图 6 - 136　空间从色调入手，解决空间各个元素之间的关系，使之切合产品的定位与追求，使空间能真正成为展现产品的背景，整个空间与产品融于一体。

图 6 - 137　初看上去只有黑白两色，大面积的黑色地毯看上去十分稳重。而看似单调的组合方式中因为有了红色条状吊顶装饰后就显得与众不同。

四、德国慕尼黑图书专卖店

德国的图书销售量和阅读量在世界上是位居前列，在德国的地铁、火车、公共汽车上总会看到人们在端书阅读，具有很好的读书氛围，所以在德国可以很方便地在很多大型商业购物中心找到书店，而书店的设计会结合建筑本身的特色，个性鲜明。

图 6 - 138　大面积的天然采光赋予该书店良好的阅览环境，也给予顾客一份开朗明净的心情。

图 6 - 139　排列整齐的小吊灯非常适合图书馆里宁静的气氛，其不仅仅是满足照明的需要，也成为一种装饰品。

图 6-140　橙色是激发食欲的颜色，经常被用于快餐店的设计，而书店选用这样的色彩是寓意为了满足那些对知识如饥似渴的人们，而黄绿、中黄的小面积点缀使得空间并不那么浮躁。

图 6-141　拥有户型穹顶的房顶设计，缓解了沉重笨拙的书架给人们造成的压抑感，良好的照明为顾客提供了一个明亮、优雅的购书环境。

图 6-142 长座椅的设置非常的人性化，可供顾客阅览书籍，浅绿色的设计，缓解了用眼疲劳，缩小了与顾客的距离，与橙红色地毯的搭配赏心悦目之极。

图 6-143 变换书架的陈列方式不仅使得空间富有变化，也为畅销书和促销书提供了栖息的场所，浏览器栏一目了然，销量自然蒸蒸日上。

图 6-144　简单而整齐地排列，却具有强烈的视觉冲动。

图 6-145　空间的利用程度对于商业空间是十分重要的，将书富有个性地悬挂于柱子上，不仅装点了光秃秃的柱壁，同时也最大程度地利用了空间。

图 6 - 146　书本与文具不分家。琳琅满目的文具并不是书店的主打
产品，但在为顾客提供方便的同时也增加了卖场的效益。

五、瑞士苏黎世女士服装品牌专卖店

　　坐落在瑞士苏黎世商业中心的女士服装品牌专卖店经营着世界一线品牌的
流行服饰，该专卖店从设计分类上属于店中店的一种，MODISSA 是其中之
一，设计采用通透的整体玻璃橱窗配合室内琳琅满目的展品，不时的吸引路人
的目光和驻足的脚步。

图 6 - 147　没有太多出奇的色彩，却显现出独有的个性，在繁乱的
城市中，反而有了清新脱俗的印象。

图 6-148　简洁的 Logo 和丰富的橱窗形成了鲜明的对比。繁中有简、简中有繁，途经的路人自然的想要进入其中一探究竟。

图 6-149　大胆的利用橙与蓝两大对比色彩作为主基调的橱窗在商业步行街中异军突起，独树一帜，商品也似乎闪闪发光了。

图 6-150　橱窗中的蓝色枫叶增添了意境，几只玩具小熊出现在商品中，如此温馨可爱的画面令顾客会心一笑。

图 6-151　橱窗里的点缀装饰物一直延续到卖场空间里，风格统一有序，环境清新雅致。

图 6 - 152 最大限度地对店内空间进行使用，是现代商业空间的特点，银灰色的屋顶、浅色长墙配合深色的地面，给人稳重、雅致的感受。

图 6 - 153 这家卖场以木材作为主要装饰材质，营造了和谐统一而具有亲切感的氛围。深色墙壁的材质压过地板颜色，使得商品也变得更加立体化。

图 6-154　简洁的金属框架作为呈现商品的衣架，毫不吝啬地突出了商品干练高雅的气质。吊顶安装了具有一定倾斜角度的射灯，活跃了卖场的气氛，使置身其中的顾客感到轻松愉悦。

图 6-155　黑白对比是永恒的经典，两者摆放在一起不仅使得空间典雅庄重，同时也提升了商品本身的品位。

图6-156　沙比利木色地板搭配橄榄绿的墙壁，令原本凌乱的空间和谐而统一。吊顶射灯的排列方向与货架摆放方向一致，使得空间排列有序得体。

图6-157　展柜与墙面构成黑白灰的时尚印象，商品陈列在灯光映衬下散发出高贵的气质，消费者轻松即可拥有奢华的品位。

图 6-158　黑白色块比例恰到好处，既素雅又高贵，运用冷光配合模特对商品进行展示，若没有绿色的点缀一切都索然无味。

图 6-159　重复就是力量，将同样的礼服整齐地悬挂在衣架上，似乎不再需要过多的装饰，因为这已足够震撼。

图 6-160 简洁的金属框架作为呈现商品的衣架，毫不吝啬的突出了商品干练高雅的气质，吊顶具有一定倾斜角度的射灯活跃了卖场的气氛，令置身其中的顾客感到轻松愉悦。